AQUECIMENTO GLOBAL

frias contendas científicas

FSC
www.fsc.org
MISTO
Papel produzido a partir de fontes responsáveis
FSC® C003494

Este livro foi impresso com papel certificado FSC®

Dados Internacionais de Catalogação na Publicação (CIP)
(Câmara Brasileira do Livro, SP, Brasil)

Aquecimento global : frias contendas científicas / José Eli da Veiga (organizador). – São Paulo : Editora Senac São Paulo, 2008.

Vários autores.
Bibliografia.
ISBN 978-85-7359-716-5

1. Aquecimento global I. Veiga, José Eli da.

08-05292 CDD-551.5253

Índice para catálogo sistemático:

1. Aquecimento global : Temperaturas : Ciências da Terra 551.5253

1ª edição: 2008; 2ª edição: 2011

josé eli da veiga
organizador

AQUECIMENTO GLOBAL

frias contendas científicas

2ª EDIÇÃO REVISTA E ATUALIZADA

editora senac são paulo

Editor: Marcus Vinicius Barili Alves (vinicius@sp.senac.br)

Coordenação de Prospecção e Produção Editorial: Isabel M. M. Alexandre (ialexand@sp.senac.br)
Supervisão de Produção Editorial: Pedro Barros (pedro.barros@sp.senac.br)

Edição de Texto: Luiz Carlos Marques Guasco
Preparação de Texto: Sylmara Beletti
Revisão de Texto: Fátima de C. M. de Souza, Luiza Elena Luchini
Projeto Gráfico e Editoração Eletrônica: Fabiana Fernandes
Capa: Emerson Basso
Foto da Capa: Tomcod (http://www.flickr.com)
Impressão e Acabamento: Corprint Gráfica e Editora Ltda.

Gerência Comercial: Marcus Vinicius Barili Alves (vinicius@sp.senac.br)
Supervisão de Vendas: Rubens Gonçalves Folha (rfolha@sp.senac.br)
Coordenação Administrativa: Carlos Alberto Alves (calves@sp.senac.br)

Editora Senac São Paulo
Rua Rui Barbosa, 377 – 1º andar – Bela Vista – CEP 01326-010
Caixa Postal 1120 – CEP 01032-970 – São Paulo – SP
Tel. (11) 2187-4450 – Fax (11) 2187-4486
E-mail: editora@sp.senac.br
Home page: http://www.editorasenacsp.com.br

Sumário

Nota do editor

A partir da década de 1990, uma das mais frequentes questões ambientais veiculadas pela mídia é a do aquecimento global e das prováveis consequências negativas que ele acarreta para a biosfera.

Entretanto, apesar de a explicação para esse problema vincular a elevação da temperatura global à atividade humana – posição defendida pelo Painel Intergovernamental sobre Mudanças Climáticas (Intergovernmental Panel on Climate Change – IPCC) –, essa tese não é unânime. Outros cientistas argumentam que, ao contrário do que aponta a monitoração feita pelo IPCC, o planeta estará mais frio dentro de duas décadas, pois o clima é muito mais determinado por radiações cósmicas do que por ações humanas.

Aquecimento global: frias contendas científicas, organizado pelo professor José Eli da Veiga, objetiva apresentar essas correntes de pensamento e suas contribuições para a reflexão sobre o tema. Mais do que isso, porém, visa a restabelecer critérios científicos para essa discussão tão contaminada por opiniões de fundamentação duvidosa e, não raro, pelo sensacionalismo.

Com esta publicação, o Senac São Paulo, que se destaca por seus cursos técnico e superior na área de meio ambiente, coloca à disposição de profissionais e estudantes elementos concretos e elucidativos para a abordagem dessa controvérsia, a respeito da qual a sociedade terá de tomar conhecimento de maneira cada vez mais profunda e responsável.

Introdução

José Eli da Veiga

Existe uma séria controvérsia sobre o aquecimento global. Ela opõe duas teses. A que diz que continuará inevitável é largamente majoritária na comunidade científica, e foi legitimada pelas Nações Unidas.[1] A outra, segundo a qual o planeta estará mais frio dentro de duas décadas, pois o clima está sendo muito mais determinado por radiações cósmicas do que por ações humanas, é defendida por uma minoria de pesquisadores conhecidos como "céticos".

Apesar de ser um debate que não pode sequer ser entendido por quem não tenha capacidade de decifrar os complexos modelos utilizados na ciência do clima, é extremamente comum observar, entre leigos, grande firmeza no apoio a um dos lados. Desde quem não teve qualquer iniciação científica até eruditos intelectuais. Alguns chegam a desqualificar a tese oposta, como se nem mais houvesse sombra de dúvida. Posição que os próprios dirigentes do IPCC não poderiam assumir, pois algum grau de incerteza é reconhecido em todos os seus documentos.

Qualquer resposta passa necessariamente pelo entendimento dos processos de formação mental da percepção do risco. Uma das circunstâncias mais comuns sob a qual as sociedades não conseguem ter consciência de um problema desse tipo é quando ele toma a forma de uma tendência lenta, oculta por grandes e frequentes variações. Como diz Jared Diamond,[2] o melhor exemplo disso em tempos modernos é justa-

---

1 O Painel Intergovernamental sobre Mudanças Climáticas (Intergovernmental Panel on Climate Change – IPCC), criado pelas Nações Unidas na Conferência de Toronto, em 1988, vem publicando relatórios que estão reduzindo cada vez mais a margem de incerteza sobre a tendência ao aquecimento global.

2 Jared Diamond, *Colapso: como as sociedades escolhem o fracasso ou o sucesso* (Rio de Janeiro: Record, 2005).

mente o aquecimento global. Ele não quer dizer que o clima fique exatamente 0,01 °C mais quente que no ano anterior. Ao contrário, varia aleatoriamente para cima e para baixo de ano a ano. Certo verão, a temperatura pode estar uns três graus mais alta que no anterior. No ano seguinte, ainda mais dois graus. Depois, o verão pode ficar quatro graus abaixo. Um grau mais frio no próximo, então cinco graus mais quente no outro, etc. Com flutuações tão grandes e imprevisíveis, demorou muito tempo até que a tendência média de aumento de 0,01° por ano fosse discernível.

Também se sabe que a percepção do risco resulta de cruzamentos entre visões da natureza e visões da condição humana, dos quais emergem três principais propensões: não levar a sério qualquer intenção de reduzir riscos; adotar apenas medidas preventivas que não comprometam liberdades; persuadir a coletividade a adotar medidas drásticas necessárias à sua eliminação, com muralhas institucionais capazes de lidar com ele do jeito que um exército lida com o inimigo. Explicações bem detalhadas desses processos estão no excelente livro *Risk*, do professor britânico John Adams, que felizmente terá tradução da Editora Senac São Paulo.[3]

Em primeiro lugar, há quem esteja convicto de que a natureza é essencialmente benigna. Isto é, tão robusta, estável e previsível, que seu manejo por uma linha não intervencionista seria capaz de contrabalançar os males que lhes são infligidos pelos humanos. Em segundo, há quem a veja como essencialmente delicada. Isto é, tão frágil, precária e efêmera, que os humanos só poderiam lidar com ela como se estivessem "pisando em ovos". Em terceiro, estão os que preferem entendê-la como simultaneamente perversa e tolerante, pois aceitam ambas as posturas já mencionadas. Acham que – dentro de certos limites – a mais aceitável é a primeira (benigna), mas que é preciso ter cuidado para não ultrapassar tais limites, pois, a partir daí, estaria mais certa a segunda (frágil). E, em quarto lugar, surge a ideia de que a natureza é essencialmente caprichosa. Tão imprevisível que escapa de qualquer pretensão humana de controlá-la.

Já as quatro inclinações míticas sobre a condição humana são certamente mais familiares ao leitor, dispensando detalhamento: a individualis-

---

[3] John Adams, *Risk* (Londres/Nova York: Routledge, 2006).

ta, a hierárquica, a igualitária e a fatalista. Pois bem, quando se examinam as principais combinações daquele primeiro conjunto de quatro visões sobre a natureza com este outro, com quatro sobre a condição humana, emergem as já mencionadas três propensões básicas diante do risco.

As três atitudes básicas mencionadas acima só podem se exacerbar quando não se está apenas diante de riscos, mas de incertezas. Diz-se que há risco quando se constata um perigo possível que seja mais ou menos previsível. Qualquer jogador percebe sua atividade como risco quando está em condições de prever quais acontecimentos podem ocorrer, assim como estimar a probabilidade de eles ocorrerem. Já a incerteza define a possibilidade de ocorrer um acontecimento (em geral perigoso) sem que seja possível ter noção sequer aproximada da probabilidade de ocorrência. Fala-se então de "probabilidade subjetiva".

Todavia, grande parte dos torcedores do IPCC retrucará que, ao contrário, orientam-se por algo bem mais objetivo e racional do que qualquer tipo de intuição ou pressentimento resultante da combinação de visões pré-analíticas da natureza e da humanidade. Que se guiam pelo "princípio da precaução", segundo o qual, diante da possibilidade de dano grave e irreversível, não devem ser adiadas medidas que visem a evitá-lo, por mais que haja incerteza sobre as reais causas do perigo, ou sobre sua magnitude. Aplicado à questão climática, manda agir conforme a pior hipótese: cortar emissões de gases-estufa e preparar adaptação a acelerado aquecimento, mesmo que haja a possibilidade de tal perigo nem sequer existir, como pretendem os "céticos".

Dois sérios problemas dessa forma de pensar merecem mais reflexão dos entusiastas adeptos da precaução. O primeiro é que qualquer alusão a esse princípio só confirma a prevalência da incerteza. Não serve, portanto, para justificar inabalável convicção sobre o aquecimento. Chega mesmo a ser hilário que tal princípio seja evocado justamente por quem também afirma ter absoluta certeza de que a ação humana está provocando aquecimento global.

O segundo problema, bem mais profundo, resulta do contraste que se estabeleceu entre a boa acolhida dos juristas a um princípio que só lhes poderia ter parecido dos mais sensatos e a crescente contestação que ele provoca entre os teóricos do risco e do seguro (principalmente economistas e engenheiros). Por não enxergarem qualquer diferença substantiva entre prevenção e precaução, reduzem a segunda à primeira. Como consequência, é para um plano dos mais filosóficos que se transfere a discussão sobre essa nova retórica que se pretende o suprassumo da ética. E não deve haver melhor contribuição para esse movimento de ideias do que o "catastrofismo esclarecido" proposto pelo matemático francês Jean-Pierre Dupuy, hoje professor de filosofia na Politécnica de Paris e na Universidade de Stanford.[4]

Baseando-se em seus estudos sobre o processo de dissuasão nuclear, Dupuy insiste que os comportamentos dos agentes com poder de decisão só se alteram se eles realmente acreditarem no pior. Se passarem a crer que a catástrofe é inelutável. Assim, o simples anúncio do futuro pode modificá-lo, desde que seja crível. Como a espécie humana adquiriu meios de destruir a biocapacidade dos ecossistemas dos quais depende, acelerando o processo de sua própria extinção, só haverá esperança se a inevitabilidade da catástrofe for conscientemente assumida pelos políticos.

Será que alguma das poucas opções de filosofia moral, ou mesmo das inúmeras éticas religiosas, ajuda a orientar comportamentos individuais e coletivos sobre a mais grave questão socioambiental contemporânea, o aquecimento global? É o contrário que resulta mais confirmado pelas evidências apresentadas em três excelentes livros lançados na Inglaterra no início de 2008.[5] Nenhum deles chega a dizer que os avanços científicos no âmbito ecológico apontam para a

---

4 Jean-Pierre Dupuy, "L'incertitude dans les systèmes complexes. Climata et sociétés", em Édouard Bard (org.), *L'Homme face au climat* (Paris: Collège de France & Odile Jacob, 2006), pp. 343-361; *Pour un catastrophisme eclairé. Quand l'impossible esta certain* (Paris: Éditions du Seuil, 2002). Uma crítica às ideias de Dupuy pode ser encontrada no trabalho de Olivier Godard, "Le principe de précaution n'est pas un catastrophisme", em *Cahier École Polytechnique*, Laboratoire d'Économétrie, nº 2006-4, 2006. Disponível em http://ceco.polytechnique.fr/.

5 Dale Jamieson, *Ethics and the Environment: an Introduction* (Cambridge: Cambridge University Press, 2008); Kevin Gibson, *Ethics and Business: an Introduction* (Cambridge: Cambridge University Press, 2008); e James Garvey, *The Ethics of Climate Change* (Londres: Continuum, 2008).

necessidade de uma ruptura com os limites das várias correntes éticas, para que se possa dar conta da agenda deste século. Mas os três deixam clara a preferência por reunir seus pontos mais fortes para formular ética mais adequada às circunstâncias do século XXI, numa espécie de ecletismo que preferem chamar de "pluralismo". E o melhor exemplo está justamente no aquecimento global.

Três são os critérios que devem orientar qualquer proposta de ação. E eles têm a ver com passado, presente e futuro. Não há como apagar as "responsabilidades históricas" nesse fenômeno eminentemente cumulativo que é a concentração de gases-estufa na atmosfera. Por mais que seja difícil operacionalizar essa diretriz, é inadmissível que se exija o mesmo esforço de contenção das emissões da parte de populações que muitas vezes ainda nem tiveram acesso à eletricidade. Coisa semelhante ocorre com o segundo critério, que se refere às presentes diferenças de "capacidade" que os segmentos sociais dispõem para obter mais eficiência energética, reduzir seu consumo, sequestrar carbono, ou evitar emissões. E a trindade é completada pelo critério relativo ao futuro, inteiramente embutido na recente noção de "sustentabilidade" ambiental. O que está em jogo aqui são as tão faladas, mas quase sempre esquecidas, gerações futuras.

O problema seria bem mais simples se esses três critérios convergissem em vez de conflitar. Todavia, o mais provável é o contrário. Particularmente o terceiro, da sustentabilidade, expressa essencialmente o dever de evitar que seja acelerado o processo de extinção da espécie humana. Ora, a depender do grau de concentração de gases-estufa na atmosfera, e da consequente probabilidade de inadmissível elevação da temperatura média do globo, é claro que os outros dois critérios deixarão de ter tanta pertinência. Diante de cenário catastrófico para futuras gerações, poderá se tornar imoral enfatizar as diferenças pretéritas entre as nações, ou mesmo admitir que as emissões sejam reduzidas apenas pelos que já têm capacidade de fazê-lo.

É claro que nada disso constituirá problema se a razão estiver com os chamados "céticos", que negam a preponderância da ação humana na mudança climática em curso. Mas nenhum dos três livros leva a sério essa hipótese. Garvey dedica um capítulo para convencer o leitor de que só existe incerteza científica sobre questões bem secundárias, e que não passaria de loucura dar ouvido aos que tentam refutar as teses do IPCC. Jamieson chega a admitir a hipótese de que os "céticos" estejam certos, mas sugere que sua probabilidade seja idêntica à de que o leitor ganhe amanhã uma fortuna na loteria.

E o principal ponto comum dessas três obras é o mais completo desdém pelo "princípio da precaução", aceito pelos 160 países que assinaram a Declaração da Rio-92 e que adquiriu tal importância na França que acabou por ser inserido na Constituição. Só é abordado por Garvey em cinco parágrafos dedicados à sua completa desqualificação. Por mais estranho que pareça, nem sequer é mencionado nos dois outros livros, que terão muito mais influência por serem manuais que serão adotados em inúmeros cursos universitários de língua inglesa.

Tudo isso mostra o quanto pode ser errada a suposição de que ciência e política funcionem do mesmo jeito. Por existir alta probabilidade de que a tese do IPCC esteja certa, é preciso torcer para que as instâncias de decisão rejeitem liminarmente as posições contrárias à redução de emissões de gases de efeito estufa, principal consequência prática da tese dos chamados "céticos". Ao mesmo tempo, no âmbito da comunidade científica, é absurdo tentar desqualificá-los, descartando a existência da incerteza. Mais do que isso, também é absurdo, por exemplo, fazer qualquer tipo de restrição a grupos de pesquisa que adotam a hipótese segundo a qual o clima está sendo muito mais determinado por radiações cósmicas do que por ações humanas.

Em suma, os dois lados devem ser igualmente bem tratados quando estiverem em pauta questões como a do financiamento de pesquisas, por exemplo, mesmo que possa ser nocivo que os "céticos" avancem em suas tentativas de persuadir os políticos. O leitor que considerar tal posição demasiadamente ambígua deve ser convidado a pensar em outras controvérsias. No caso dos transgênicos, por exemplo, a oposição é inversa, pois estão em minoria – e cada vez menos influentes – os cientistas que clamam por mais prudência.[6] O que ocorre, em grande medida, porque as restrições feitas até agora têm mostrado pouca força de convencimento e persuasão junto aos mais decisivos atores sociais. Nem por isso desapareceu a incerteza, daí a importância de que tenham ainda mais apoio as pesquisas de grupos contrários às sementes transgênicas.

Uma vez rejeitado o simplório maniqueísmo do pró *versus* contra, o que interessa é conhecer melhor os argumentos dos dois lados e começar a afastar a ideia de que a controvérsia científica esteja para a sociedade como o pecado está para o crente. É por isso que este livro oferece ao leitor três aprofundamentos sobre a questão do aquecimento global. Os dois primeiros – a favor e contra a tese do IPCC – abordam os fundamentos da controvérsia no âmbito das ciências naturais, enquanto o terceiro apresenta um panorama do debate econômico e do processo político desencadeado pela Convenção do Clima.

No primeiro capítulo, Sonia Maria Barros de Oliveira, professora titular do Instituto de Geociências da USP, começa por caracterizar os principais fatores que condicionam o clima, com especial ênfase no efeito estufa. Em seguida, faz uma descrição abrangente das mudanças climáticas observadas no século XX e uma discussão sobre o papel relativo dos fatores que influem no balanço energético do sistema climático desde o início da era industrial.

Para melhor avaliar o significado das mudanças recentes, esse primeiro capítulo as coloca no contexto das flutuações naturais do clima, vistas tanto na escala de tempo de centenas de milhares de anos, o que abrange as glaciações modernas, como na escala da história humana do último milênio. É o que permite reconhecer o caráter anômalo das mudanças climáticas atuais, discutir suas causas e fazer projeções para o clima do século XXI mediante simulações em diferentes cenários.

No segundo capítulo, Luiz Carlos Baldicero Molion, professor associado da Universidade Federal de Alagoas, discute criticamente a

---

[6] José Eli da Veiga, *Transgênicos: sementes da discórdia* (São Paulo: Editora Senac São Paulo, 2007).

hipótese de aquecimento global provocado por atividades humanas (antrópico). Procura demonstrar que ela carece de bases científicas sólidas e que está fundamentada principalmente em resultados de modelos de clima, cujas equações matemáticas não representam adequadamente os processos físicos que ocorrem na atmosfera, particularmente a cobertura de nuvens e o ciclo hidrológico.

Afirma que as projeções futuras desses modelos, resultantes de cenários hipotéticos, são meros exercícios acadêmicos, não confiáveis e, portanto, não utilizáveis para o planejamento das atividades humanas que vise ao bem-estar social. Argumenta que a influência humana no clima global, se existir, é muito pequena e impossível de ser detectada em face de sua grande variabilidade natural. Considera, portanto, que é mais provável um resfriamento global nos próximos vinte anos, em vez de um aquecimento.

Apesar da incerteza científica que fica patente na comparação desses dois primeiros capítulos, não faltaram motivos para que emergisse, nas últimas décadas, um efetivo processo de negociações internacionais com objetivos preventivos: buscar as maneiras mais viáveis de reduzir o aquecimento global e as formas de se adaptar a ele. E é fácil constatar que ficou na penumbra o debate sobre a racionalidade econômica das decisões políticas que foram sendo tomadas nesse processo.

Só recentemente passaram a ganhar relevância as pesquisas econômicas, cuja revisão é o objeto da primeira parte do último capítulo, elaborado pelo organizador deste livro em co-autoria com seu ex-aluno Petterson Molina Vale.

Depois de comparado ao debate político, sintetizado na segunda parte, esse capítulo aponta para uma clara conclusão: se assumida a tese do IPCC, não pode haver meio-termo do tipo Protocolo de Kyoto. A concentração de gases-estufa na atmosfera precisa ser estabilizada abaixo das 450 partes por milhão, o que exige que a emissão de carbono fique cara para todos os agentes econômicos. Ou seja, satisfazer-se com metas nacionais de emissão previstas em tratado internacional equivale a duvidar que o IPCC esteja de fato com a razão, mesmo que não se admita explicitamente uma adesão à tese dos "céticos".

Base científica para a compreensão do aquecimento global

Sonia Maria Barros de Oliveira

Introdução

A partir da década de 1990, não houve assunto que frequentasse com mais assiduidade as páginas de ciência da grande imprensa, tanto aqui como no restante do mundo, que o aquecimento global. O aquecimento global é um exemplo específico do fenômeno mais amplo denominado "mudança do clima". O uso comum dessa expressão refere-se à elevação da temperatura média da superfície da Terra de pouco menos de 1 grau Celsius nos últimos cem anos. Há inúmeras indicações de que esse aumento seja devido às atividades humanas, principalmente aquelas que envolvem a queima do petróleo e do carvão, emitindo gases conhecidos como de efeito estufa. No entanto, o sistema climático é muito complexo, podendo haver outras causas para as variações de temperaturas observadas, de modo que a relação direta de causa e efeito entre o aumento do teor dos gases de efeito estufa na atmosfera no século XX e o aumento da temperatura nesse mesmo período continua sendo objeto de estudo e debate entre os cientistas.

Nas últimas décadas, tem havido um enorme avanço na pesquisa da ciência do clima, tanto na área da observação quanto no campo da modelagem e no tratamento da incerteza. A velocidade de produção de conhecimento sobre os processos atmosféricos e oceânicos, que são os principais controladores do clima, acelerou-se muito, multiplicando-se exponencialmente o número de artigos científicos sobre o tema. A partir de 1988, por iniciativa do Painel Intergovernamental sobre Mudanças Climáticas (Intergovernmental Panel on Climate Change – IPCC), foram elaborados sucessivos documentos de síntese do conhecimento acumulado (ver boxe na página 19). O último relatório, que representa o consenso da maior parte da comunidade científica internacional que trabalha na ciência da mudança climática, sustenta vigorosamente que o aumento global de temperatura registrado no século XX tem como origem as atividades humanas, também chamadas de antrópicas. Apesar das inúmeras evidências que dão peso a essa conclusão, discutidas extensivamente no relatório, este não é imune a críticas e controvérsias, como, de resto, nenhum documento científico. Deve ser, portanto, considerado não a verdade última e definitiva sobre o assunto, mas uma síntese cuidadosamente elaborada, baseada na melhor evidência científica disponível na literatura especializada, aberta à discussão e suscetível de revisão à luz de novos dados e hipóteses. É em grande parte a partir desse relatório que serão apresentados e discutidos os principais tópicos aqui desenvolvidos.

Para que se possa penetrar nos argumentos que sustentam a tese do aquecimento global, é necessário entender como funciona o sistema climático. Assim, este texto inicia-se pela caracterização dos principais fatores que condicionam o clima, com especial ênfase no efeito estufa. Segue-se uma descrição abrangente das mudanças climáticas observadas no século XX e uma discussão sobre o papel relativo dos fatores que influem no balanço energético do sistema climático, desde o início da era industrial. Para melhor avaliar o significado das mudanças recentes, estas são colocadas no contexto das flutuações naturais do clima, vistas tanto na escala de tempo de centenas de milhares de anos – o que abrange as glaciações modernas – como na escala da história humana do último milênio. Nesse ponto, estarão dadas então as condições para o reconhecimento do caráter anômalo das mudanças climáticas atuais e para a discussão de suas causas. Finalmente, serão apresentadas, por meio de simulações em diferentes cenários, as projeções para o clima do século XXI.

O que é o IPCC?

Em 1988, em vista da importância e da complexidade das questões relacionadas ao tema das mudanças do clima, a Organização das Nações Unidas para o Meio Ambiente (United Nations Environment Programme – Unep) e a Organização Meteorológica Mundial (World Meteorological Organization – WMO) criaram o IPCC. Sua missão foi explicitamente definida: produzir, de forma abrangente, objetiva, aberta e transparente, a informação científica, técnica e socioeconômica relevante para o entendimento das bases científicas do risco da mudança do clima induzida pelo homem, seus impactos potenciais e opções para adaptação e mitigação. O IPCC congrega pesquisadores dos países-membros das Nações Unidas que analisam a literatura científica e técnica disponível e elaboram relatórios sobre o estado do conhecimento de todos os aspectos relevantes à mudança do clima. Os relatórios sofrem minucioso processo de revisão por especialistas e são submetidos à aprovação pelos representantes de todos os governos envolvidos. O objetivo dos relatórios não é prescrever soluções, e sim servir de subsídio aos governos e à sociedade na adoção de políticas relacionadas à mudança climática.

O primeiro relatório[1] foi completado em 1990 e teve grande importância para o estabelecimento da Convenção-Quadro das Nações Unidas sobre Mudança Climática (United Nations Framework Convention on Climate Change – UNFCCC), em 1992. O segundo relatório,[2] de 1995, contribuiu para as negociações que levaram à adoção do Protocolo de Kyoto em 1997. Em 2001, foi publicado o terceiro relatório,[3] que se consagrou como referência

---

[1] Intergovernmental Panel on Climate Change, *First Assessment Report 1990 – Scientific Assessment of Climate Change*, disponível em http://www.ipcc.ch.

[2] Intergovernmental Panel on Climate Change, *Second Assessment – Climate Change 1995: the Science of Climate Change*, disponível em http://www.ipcc.ch.

[3] Intergovernmental Panel on Climate Change, *Third Assessment Report – Climate Change 2001: the Scientific Basis*, disponível em http://www.ipcc.ch.

para o fornecimento de informações para as deliberações nas Conferências das Partes. Finalmente, o quarto relatório,[4] de 2007, consolidou o progresso científico desde 2001 e aprofundou o conhecimento das influências antrópicas sobre o clima. Os avanços desse último relatório em relação ao anterior foram devidos ao aporte de grande quantidade de novos dados, às técnicas mais sofisticadas de análise e ao aprofundamento no conhecimento e na simulação dos processos físicos envolvidos na mudança climática. Todos esses elementos levaram a um aumento significativo do nível de confiança dos modelos de predição do comportamento do clima em diferentes cenários de emissão dos gases de efeito estufa.

O relatório de 2007 compõe-se de três textos que tratam da mudança do clima sob o ângulo: (1) das bases das ciências físicas (Grupo de Trabalho I); (2) dos impactos, adaptação e vulnerabilidade (Grupo de Trabalho II); (3) das possibilidades de mitigação (Grupo de Trabalho III). Informações adicionais sobre o IPCC, assim como os relatórios e outros estudos produzidos, podem ser encontradas no *site* http://www.ipcc.ch.

O sistema climático

O clima é definido, segundo a WMO, como a média das condições meteorológicas, isto é, como a descrição estatística (valores médios e variabilidade) da temperatura, precipitação e velocidade dos ventos em um período de tempo de trinta anos. O sistema climático compõe-se de cinco componentes maiores: ar, água, gelo, terra e vegetação, e das interações entre eles. O sistema evolui no tempo sob influência da sua própria dinâmica interna e de forçantes radioativas[5] exter-

[4] Intergovernmental Panel on Climate Change, *Fourth Assessment Report – Climate Change 2007: the Physical Science Basis*, disponível em http://www.ipcc.ch.

[5] Forçante radioativa (FR) é uma medida da influência de um fator na alteração do balanço radioativo do sistema Terra-atmosfera. A palavra "forçante" é usada para indicar que o balanço radioativo da Terra é forçado a sair de seu estado normal. FR é expressa por um número na unidade watts por metro quadrado (W/m^2), que pode ser acompanhado do

nas. No primeiro caso, estão as variações da circulação atmosférica e oceânica, por exemplo, a frequência de eventos El Niño.[6] As forçantes externas podem ser naturais, como as erupções vulcânicas e as variações da energia emitida pelo Sol, ou antrópicas, como a mudança da composição da atmosfera e as mudanças no uso da terra.

O sistema climático terrestre é determinado fundamentalmente pela energia emitida pelo Sol, principalmente sob forma de luz visível. Essa energia é medida por meio do fluxo energético por unidade de área, em watts por metro quadrado (W/m^2). O fluxo de energia que chega ao topo da atmosfera terrestre é, em média, 342 W/m^2, sendo maior no Equador e menor nos polos, devido à curvatura da Terra. Desse total, 30% é refletido de volta para o espaço, e 70% é absorvido e reemitido como calor (radiação infravermelha). A reflexão ocorre nas nuvens e aerossóis (77 W/m^2), e em certas regiões da superfície terrestre, como nos campos nevados e, em menor grau, nos desertos (30 W/m^2). O total da energia refletida constitui o "albedo" terrestre, que é uma medida do brilho da Terra vista do espaço. Do total da radiação solar absorvida (235 W/m^2), três quartos são absorvidos pela superfície (168 W/m^2) e um quarto (67 W/m^2), pelas nuvens e vapor d'água da atmosfera. Essa radiação aquece a Terra e a parte inferior da atmosfera (troposfera), e provê energia para as trocas de calor entre os componentes do sistema climático, principalmente através da circulação atmosférica e oceânica.

Como a Terra está continuamente recebendo energia do Sol, mas mantém uma temperatura mais ou menos constante, de cerca de 14 °C em média, ela deve estar em equilíbrio radioativo, perdendo para o espaço a mesma quantidade de energia que absorve. Essa perda se dá principalmente sob forma de calor, mas não ocorre diretamente:

---

intervalo de confiança de 90% entre chaves. A FR é positiva ou negativa quando exprime aumento ou diminuição da energia do sistema climático e consequente aquecimento ou resfriamento do clima.

6 El Niño é o fenômeno de aquecimento das águas do Pacífico na costa do Peru e Equador, relacionado a flutuações do padrão de pressão atmosférica. A periodicidade do El Niño varia de dois a sete anos. Nos anos de El Niño intenso, o padrão de chuvas no hemisfério Sul é alterado, por exemplo, com a intensificação das secas no Nordeste brasileiro.

parte do calor absorvido, quando reemitido, é absorvido pelos gases de efeito estufa e emitido novamente para a superfície.

Há, fundamentalmente, três maneiras de alterar o balanço radioativo da Terra, de forma a modificar a temperatura de equilíbrio. São elas: (1) variar a energia solar incidente por alterações na órbita da Terra e no próprio Sol; (2) variar a fração da radiação refletida (albedo) por mudanças na cobertura de nuvens, pela presença de aerossóis atmosféricos, etc.; (3) variar a radiação infravermelha emitida pela Terra pela variação no teor dos gases de efeito estufa. O clima responde a essas variações seja diretamente, seja indiretamente, por meio de vários mecanismos de retroalimentação (*feedback*).[7]

Variações na energia solar incidente

Ciclos de Milankovitch[8]

Milankovitch foi o primeiro a observar que a quantidade e a distribuição da energia que a Terra recebe do Sol variam sistematicamente com o tempo. Essa variação depende, por sua vez, da distância da Terra ao Sol e da inclinação do eixo de rotação da Terra, e é expressa essencialmente por três parâmetros: a excentricidade da órbita terrestre, com ciclo de 105 mil anos, a inclinação do eixo de rotação da Terra em relação ao plano da órbita, com ciclo de 41 mil anos, e a oscilação do eixo da Terra em torno de si mesmo (precessão), com ciclo de 21 mil anos. A combinação desses efeitos implica flutuações cíclicas na energia que a Terra recebe do Sol em diferentes latitudes e em diferentes estações do ano. A teoria de Milankovitch teve grande sucesso na explicação das glaciações dos últimos 650 mil anos, mas, na escala de um século, ou pouco mais, que é a que interessa para a compreensão das mudanças climáticas de origem antrópica, pode-se considerar que a energia que a Terra recebe do Sol permanece prati-

---

[7] Ocorrem mecanismos de retroalimentação quando o resultado de um processo inicial desencadeia um segundo processo que influencia o inicial, amplificando-o ou atenuando-o.

[8] Milutin Milankovitch foi um astrônomo sérvio que, no início do século XX, descobriu e quantificou o impacto das mudanças astronômicas na insolação recebida pela Terra.

camente inalterada pela mudança dos parâmetros orbitais. Para daqui a 30 mil anos, porém, a teoria astronômica do clima prevê um resfriamento global, que dará início a uma nova era glacial.

Manchas solares

A energia incidente na superfície da Terra pode variar em decorrência da variação da energia emitida pelo Sol (atividade solar), que flutua em função da quantidade de manchas solares. Em períodos históricos, há evidências diretas de flutuação no número de manchas solares que seguem ciclos de onze anos. Medidas satelitais mais recentes revelaram que a atividade solar varia também em escalas menores, de semanas ou anos. O ciclo de onze anos produz uma variação na insolação de 0,1%. A irradiação cresce com o número de manchas: embora as manchas escureçam a superfície do Sol, o efeito é superado pelas áreas mais luminosas que se formam ao redor delas. A variação na intensidade da energia irradiada não é espectralmente homogênea, mas concentra-se na faixa do ultravioleta, provocando aumento na formação de ozônio, o que leva ao aquecimento da estratosfera. Esse mecanismo é capaz de amplificar em 15% a 20% o aquecimento devido à irradiação solar.[9] Nos últimos mil anos, registraram-se flutuações de pequena amplitude na atividade solar; a partir do início do século XX, há evidências de crescente atividade solar.[10]

Uma consequência indireta da diminuição da atividade solar é o aumento da intensidade da radiação cósmica que chega à Terra, o que elevaria o número de núcleos de condensação de nuvens. O resultado líquido que isso teria sobre o aquecimento da Terra ainda é mal compreendido, não só porque essa hipótese está pouco quantificada, como porque a influência das nuvens sobre o aquecimento pode ser positiva ou negativa, dependendo da altitude em que elas se formam.

---

9 E. Bard & M. Frank, "Climate Change and Solar Variability: What's New under the Sun?", em *Earth and Planetary Science Letters*, nº 248, 2006, pp. 1-14.

10 P. A. Stott *et al.*, "External Control of 20th Century Temperature by Natural and Anthropogenic Forcings", em *Science*, nº 290, 2000, pp. 2133-2137.

Variações no albedo

O albedo médio da Terra está em torno de 30%, mas pode variar de 90% a menos de 5%, dependendo da refletividade da superfície considerada. Superfícies cobertas de neve apresentam os mais altos valores de refletividade, enquanto florestas apresentam valores mínimos. Valores intermediários são encontrados nos desertos e no gelo marinho. As nuvens, sobretudo as de baixa altitude, intensificam o albedo terrestre.

A contribuição dos aerossóis no aumento do albedo terrestre começa a ser mais bem compreendida. Essas pequenas partículas (0,01 a 10 micra), sólidas ou líquidas, residem na atmosfera pelo menos por algumas horas. Os aerossóis naturais compreendem a poeira proveniente dos solos, partículas de sal marinho, emissões biogênicas e partículas produzidas por erupções vulcânicas. Os antropogênicos estão associados principalmente à queima de combustíveis fósseis e da biomassa, tendo aumentado bastante desde o início da era industrial. De modo geral, os aerossóis refletem mais do que absorvem a radiação solar e, com isso, contribuem para o resfriamento do planeta. Exemplo disso são os aerossóis vulcânicos que produzem resfriamento por até alguns anos após a erupção. Os aerossóis têm ainda efeito indireto sobre o clima, servindo de núcleos de condensação de nuvens.

Variações no efeito estufa

Como a Terra está em equilíbrio térmico, é necessário que ela emita, para o espaço, a mesma quantidade de energia que recebe do Sol, descontando o albedo. A termodinâmica nos ensina que, para emitir 235 W/m^2, a Terra deveria estar a uma temperatura de −19 °C, o que é muito inferior à temperatura realmente medida na superfície, de 14 °C, em média. A diferença de 33 °C é causada pelo efeito estufa natural, resultado da presença de gases na atmosfera que são capazes de absorver a radiação emitida pela superfície terrestre. Sem a presença desses gases, nosso planeta seria gelado e absolutamente impróprio para quaisquer formas de vida.

Há certa impropriedade na analogia da atmosfera com uma estufa utilizada, por exemplo, na jardinagem. Nesta, o ar próximo do solo e aquecido pelo Sol é impedido de subir, misturando-se com o ar mais frio de fora, isto é, a estufa funciona porque impede a convecção. O efeito estufa atmosférico, por outro lado, funciona reduzindo a perda de radiação infravermelha (calor) emitida pela Terra por meio do mecanismo explicado a seguir. A atmosfera é composta, em mais de 99%, por três gases: nitrogênio (N_2), oxigênio (O_2) e argônio (Ar), mas contém também pequenas quantidades (medidas em ppmv ou ppbv)[11] de outros gases: CO_2 (gás carbônico), CH_4 (metano), N_2O (óxido nitroso), O_3 (ozônio) e vapor d'água. Estes, ao contrário dos gases dominantes, são capazes de absorver a radiação infravermelha e, por isso, são denominados "gases de efeito estufa". Essa capacidade decorre do fato de suas moléculas apresentarem modos de vibração e rotação nas mesmas bandas de frequências que a radiação infravermelha, sendo, portanto, capazes de absorvê-la. Ao fazê-lo, reduzem a quantidade de energia emitida pela superfície para o espaço, esfriando o topo da atmosfera (estratosfera). Para manter o equilíbrio térmico, a temperatura da parte mais baixa da atmosfera (troposfera) tem de aumentar, compensando a redução da emissão nas bandas de absorção. Os gases de efeito estufa na atmosfera são, portanto, responsáveis pelo aumento de temperatura da superfície e da troposfera, acompanhado pelo declínio de temperatura da estratosfera.

O gás carbônico, o metano e o óxido nitroso são denominados gases de efeito estufa de longa vida, porque permanecem por algumas décadas na atmosfera, o que possibilita sua distribuição homogênea e sua influência de longo prazo no clima. O vapor d'água, por outro lado, é individualmente o mais poderoso gás de efeito estufa, mas sua concentração é muito variável e estritamente dependente da temperatura, através de poderoso mecanismo de retroalimentação (ver a seguir). Outros gases de efeito estufa encontrados na atmosfera, como

[11] "ppmv" e "ppbv" são medidas de concentração de gases e exprimem, respectivamente, partes por milhão e partes por bilhão em volume.

o dióxido de enxofre e o monóxido de carbono, por serem removidos rapidamente, têm concentração altamente variável e influência reduzida no clima. Mais importantes são os clorofluorcarbonos (CFCs), gases sintéticos de uso proibido, cuja influência no efeito estufa ainda permanece anos depois de terem suas emissões fortemente reduzidas. O ozônio é outro gás de efeito estufa importante, formado e destruído por reações químicas que envolvem outras espécies químicas. Na troposfera, ele age como gás de efeito estufa, aquecendo a Terra. No entanto, na estratosfera, o ozônio contribui para reduzir a quantidade de radiação solar que chega à Terra, pois sua síntese consome radiação ultravioleta.

Mecanismos de retroalimentação

O vapor d'água funciona na atmosfera como um mecanismo de retroalimentação positivo quase instantâneo em relação à temperatura. Se o clima esfria, a pressão de saturação de vapor cai e a concentração de vapor d'água decresce proporcionalmente. Menos vapor d'água resulta em menor efeito estufa, o que provoca mais resfriamento. O oposto ocorre quando o clima esquenta: com o aumento de vapor d'água, o efeito estufa cresce, amplificando o aquecimento.

Outro importante mecanismo de retroalimentação positivo se deve ao albedo. Quando a temperatura cresce, o gelo próximo dos polos funde e terra ou oceano tomam seu lugar. Ambos têm muito menor capacidade de refletir a luz (albedo) que o gelo e, portanto, absorvem mais radiação solar. Isso causa mais aquecimento, que, por sua vez, aumenta o degelo, alimentando o processo.

Os mecanismos de retroalimentação causados pelas nuvens podem ser positivos ou negativos, pois elas tanto refletem a radiação emitida pelo Sol, contribuindo para o albedo, como, por serem compostas de água e vapor d'água, absorvem a radiação emitida pela Terra, intensificando o efeito estufa. As nuvens mais baixas contribuem para o resfriamento da superfície porque o efeito do albedo domina sobre o efeito estufa. Já as nuvens mais altas, como os cirros, têm menor impacto sobre o albedo, com um efeito global de aquecimento do clima. Apesar de ter sido muito estudado, ainda não se tem um conhecimento seguro do balanço dos efeitos das nuvens sobre o sistema climático.

Um importante mecanismo de retroalimentação negativo provém da relação entre a radiação emitida pela Terra e a temperatura da superfície. Com o aumento de temperatura, cresce o fluxo de radiação emitida, o que resfria a superfície. Por essa razão, a temperatura da Terra mantém-se relativamente estável.

Evidências da mudança do clima no século XX

A partir de meados do século XIX, a detecção das mudanças do clima foi favorecida pelo número crescente de estações meteorológicas nos continentes e oceanos e, a partir de 1982, pelos dados satelitais, que proporcionam uma cobertura praticamente global do planeta. Tornou-se possível, assim, traçar detalhadas séries temporais das variáveis climáticas, especialmente da temperatura. Para se obterem tendências temporais, medidas instrumentais individuais, tomadas em milhares de estações meteorológicas nos continentes e oceanos, nos balões meteorológicos e nos satélites, são ajustadas, levando em conta as mudanças nos instrumentos e as práticas de medida, e tratadas estatisticamente para fornecer médias significativas.

Temperaturas

Os resultados referentes dos últimos 157 anos indicam que as temperaturas médias globais da superfície aumentaram no século XX. O gráfico 1 mostra as variações de temperatura em graus Celsius para esse período, expressas como desvios da média calculada para o período de 1850 a 2005. O aumento de temperatura não foi linear no tempo, mas acelerou-se nas últimas décadas. O aquecimento do século XX, de pouco menos de um grau Celsius (0,74 °C ± 0,18 °C, de 1906 a 2005), deu-se em três fases: de 1910 a 1940, a temperatura aumen-

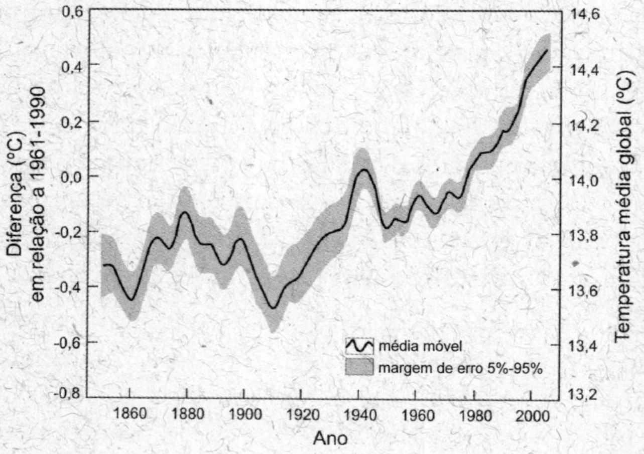

Gráfico 1. Variações da temperatura observadas no período de 1850 a 2000. As mudanças são expressas pelas diferenças com relação às médias do período 1961-1990 (escala à esquerda) e em valores absolutos (escala à direita). As áreas sombreadas representam os intervalos de incerteza.
Fonte: Figura simplificada a partir do relatório IPCC 2007.

tou 0,35 °C, diminuiu levemente (0,1 °C) entre 1940 e 1970 e cresceu rapidamente de 1970 a 2006 (0,55 °C). A velocidade de aquecimento na primeira fase foi de 0,12 °C por década e, na última, de 0,15 °C por década. Se compararmos a velocidade do aquecimento nos últimos cinquenta anos (0,13 °C por década), veremos que ele é quase o dobro daquela dos últimos cem anos (0,07 °C por década).

Os dados também evidenciam que o aquecimento global foi, de modo geral, maior no inverno que no verão. Os anos mais quentes da série considerada de 157 anos foram os de 1998 e 2005, e onze dos doze anos mais quentes ocorreram entre 1995 e 2006, o que sinaliza uma intensificação do aquecimento nos últimos anos. A distribuição em área do aquecimento global não foi tampouco homogênea. De modo geral, foi maior nos continentes que nos oceanos (0,27 °C por década contra 0,13 °C por década), em decorrência da maior inércia térmica da água. Como o hemisfério Norte tem maior massa continental, ele aqueceu mais que o hemisfério Sul. O maior aquecimento registrado ocorreu nas altas latitudes do hemisfério Norte. Um aquecimento adicional ocorreu nas áreas urbanas. Este, frequentemente referido como efeito das ilhas de calor, é muito confinado em extensão e pouco significativo na escala global. O aquecimento global manifestou-se também pelo aumento dos extremos superiores de temperatura, com mais dias excepcionalmente quentes e menos dias excepcionalmente frios. As ondas de calor aumentaram em duração e frequência na segunda metade do século XX.

Além do aquecimento da superfície terrestre, há sinais de aquecimento da troposfera no período de 1958 a 2005, numa velocidade comparável àquela do aquecimento da superfície. A partir de 1979, o aquecimento da superfície foi de 0,16 °C a 0,18 °C por década, enquanto que, na troposfera, ele foi de 0,12 °C a 0,19 °C. A baixa estratosfera, por outro lado, vem mostrando resfriamento entre 0,3 °C e 0,6 °C por década desde 1979. Esse padrão está de acordo com o previsto teoricamente, constituindo uma forte indicação de que existe, de fato, uma relação de causa e efeito entre o aumento dos gases de efeito estufa na atmosfera e o aquecimento global.

Oceanos

Os oceanos têm um papel muito importante no clima e nas mudanças climáticas porque acumulam a maior parte da energia do sistema. As mudanças na quantidade de energia acumulada pelas camadas superiores do oceano influem nas variações climáticas de escala sazonal a interanual, por exemplo, no El Niño, que, por sua vez, afeta intensamente os ecossistemas. Além disso, a vida no mar é dependente de variáveis biogeoquímicas controladas pelo estado físico e pela circulação das águas.

No período de 1961 a 2003, os oceanos registraram aumento de temperatura de 0,10 °C da superfície até a profundidade de 700 m. O aquecimento foi acompanhado por aumento do nível médio do mar de cerca de 8 cm. A velocidade do aumento foi crescente ao longo do tempo, chegando a mais de três milímetros por ano a partir de 1993

(1,8 ± 0,5 mm por ano, no século XX, e 3,1 ± 0,7 mm por ano, de 1993 a 2003). Esse aumento deveu-se principalmente à diminuição das geleiras de altitude e à expansão térmica da água do mar. O derretimento de geleiras na Groenlândia e Antártica pode ter contribuído um pouco para o aumento do nível do mar, mas esse dado é bastante incerto. Nos últimos anos, a expansão térmica dos oceanos e a fusão do gelo contribuíram, cada uma, com cerca de 50% da elevação do nível do mar. O conteúdo de carbono inorgânico total dos oceanos aumentou, provavelmente devido à absorção de parte do CO_2 atmosférico emitido pela atividade humana, e, com isso, os oceanos tornaram-se ligeiramente mais ácidos (o pH[12] baixou de 0,1 desde 1750). O decréscimo do pH das águas e o aumento de temperatura reduzem a capacidade de os oceanos atuarem como tampão para absorver os excessos de CO_2 atmosférico.

Gelo

Atualmente o gelo cobre aproximadamente 10% dos continentes, com apenas uma ínfima fração fora da Antártica e da Groenlândia. Cobre também, em média, 7% dos oceanos. Como o albedo do gelo está em torno de 90%, enquanto o das regiões florestadas fica em torno de 10%, as mudanças na cobertura de gelo têm forte impacto nos processos climáticos. Nas regiões centrais da Antártica e da Groenlândia, houve, entre 1993 e 2003, espessamento da cobertura de gelo nas regiões centrais, mais ou menos compensada pela fusão do gelo próximo da costa, com um balanço global da cobertura de gelo aparentemente negativo, mais evidente no caso da Groenlândia do que da Antártica.

De modo geral, houve decréscimo na cobertura de gelo no planeta, registrada por medidas satelitais a partir de 1978. O gelo das montanhas declinou na América do Norte, nos Alpes e na Austrália. Nem sempre,

---

[12] "pH" é uma medida da acidez das soluções aquosas diluídas. Varia de 0, para as soluções muito ácidas, passa por 7, para as soluções neutras, e chega a 14, para as soluções mais alcalinas.

porém, o recuo do gelo nas montanhas pode ser relacionado ao aquecimento global. No caso do Monte Kilimanjaro,[13] a retração do gelo no topo, registrada continuamente desde 1880, não se deu por aumento de temperatura da atmosfera, e sim pelo fato de a montanha ter uma face diretamente voltada para o lado de insolação mais forte justamente quando a cobertura de nuvens é mínima. A retração do gelo se deve à sublimação, alimentada pela insolação, e está ocorrendo provavelmente desde o início do século XIX, quando a cobertura de neve chegou ao seu auge.

No Ártico, a extensão média anual do gelo marinho declinou de 2,7% ± 0,6% por década desde 1978. Há grandes incertezas sobre a evolução recente do gelo marinho antártico. Contudo, as altas temperaturas registradas no verão de 2002 na Península Antártica tiveram certamente um papel na ruptura da Plataforma de Gelo Larsen, que gerou grande quantidade de *icebergs*. Ao contrário do gelo continental, mudanças no gelo marinho não influem diretamente no aumento do nível do mar porque o gelo flutua na água, mas podem contribuir para mudanças na salinidade do mar, pelo acréscimo de água doce.

O *permafrost* (solo congelado) vem mostrando sinais de descongelamento no Alasca e no Platô Tibetano. Aumentos de temperatura de até 3 °C foram registrados desde 1980 em muitas partes do mundo, assim como diminuição de 20 cm na profundidade atingida pelo *permafrost* na região ártica da Rússia, de 1956 a 1990.

Chuva

As observações mostram que vêm ocorrendo mudanças na quantidade, intensidade, frequência e tipo de precipitação no último século. Tanto a teoria como a evidência empírica apontam para um aumento de precipitação em climas mais quentes, devido ao aumento de vapor d'água na atmosfera. Mas as características da precipitação mostram grandes variações e dependem, em larga medida, dos padrões de circulação atmosférica determinados por fenômenos

---

[13] P. W. Mote & G. Kaser, "The Shrinking Glaciers of Kilimanjaro: Can Global Warming Be Blamed?", em *American Scientist*, nº 95, 2007, pp. 318-325.

como o El Niño. Em média, embora a precipitação tenha aumentado em muitas áreas do globo, as regiões assoladas pela seca também aumentaram. Tendências de longo prazo da precipitação regional foram observadas de 1900 a 2005, indicando, em geral, aumento ao norte da latitude 30° N e diminuição nas regiões tropicais. O clima foi mais úmido no leste da América do Norte e do Sul, no norte da Europa e na Ásia central, mas foi mais seco no Sahel, sul da África, Mediterrâneo e sul da Ásia. Eventos de fortes precipitações tornaram-se mais frequentes, mesmo em lugares onde a precipitação total diminuiu. Aumentaram também os eventos de seca prolongada, particularmente nos trópicos, e as inundações. A atividade dos ciclones tropicais e maremotos intensificou-se, tendo sido registrado o primeiro ciclone tropical no Atlântico sul, que ocorreu em março de 2004 na costa brasileira.

Evolução das forçantes radioativas entre 1750 e 2005

As atividades humanas alteraram significativamente a composição da atmosfera, causando aumento na quantidade dos gases de efeito estufa e aerossóis. As maiores contribuições vêm da queima de carvão, petróleo e gás, a partir dos fins do século XVIII, com o advento da era industrial.

As emissões de gás carbônico devido à queima de combustíveis fósseis e à manufatura do cimento foram responsáveis por 75% do aumento dos teores de CO_2 na atmosfera, a partir de 1750. O restante é resultado de mudanças no uso da terra, principalmente a queima de florestas. Os processos naturais que produzem CO_2 (respiração, decaimento da matéria orgânica, etc.) não são capazes de explicar o aumento observado de 280 para 379 ppmv entre 1750 e 2005. Ao contrário, estes absorvem mais do que emitem, funcionando como sorvedouros de CO_2. Os dados revelam que apenas 55% das emissões, entre 1959 e 2005, foram para a atmosfera, sendo o restante absorvido pelas plantas terrestres e pelos oceanos. A taxa de crescimento do CO_2 atmosférico foi maior nos últimos dez anos (1995-2005: média de 1,9 ppmv por ano) que na média do período de medições diretas (1960-2005: média de 1,4 ppmv por ano). A evidência mais forte de que o aumento do teor de CO_2 na atmosfera é causado pelas atividades humanas é a assinatura isotópica desse carbono, caracteristicamente enriquecida em carbono leve. Os processos biológicos que geram os combustíveis fósseis dão ligeira preferência ao isótopo de carbono mais leve (^{12}C) em relação ao mais pesado (^{13}C). Portanto, a assinatura isotópica do carbono atmosférico, com uma razão $^{12}C/^{13}C$ mais alta que aquela encontrada no carbono proveniente dos oceanos e das emissões vulcânicas, aponta para sua inequívoca origem: os combustíveis fósseis.

No século XX, a quantidade de CH_4 da atmosfera gerada pela atividade humana excedeu aquela gerada pelas fontes naturais, entre as quais a principal são os pântanos. O metano antropogênico, por outro lado, deriva sobretudo da cultura do arroz, da criação de gado e dos depósitos de lixo. A velocidade de aumento de CH_4 vem decrescendo nas últimas décadas por razões ainda não bem compreendidas. No período de 1750 a 2005, sua concentração na atmosfera passou de 730 a 1774 ppbv.

Com relação ao óxido nitroso, sua quantidade na atmosfera proveniente de fontes antrópicas é aproximadamente a mesma que a advinda de fontes naturais. Estas incluem os oceanos, os solos e a oxidação da amônia na atmosfera. As atividades humanas que emitem N_2O são: o uso de fertilizantes, a queima da biomassa e a criação de gado. Da era pré-industrial ao ano de 2005, a concentração de N_2O variou de 260 a 319 ppbv.

Os CFCs são exclusivamente produtos da atividade humana. Foram usados extensivamente em refrigeração, mas sua abundância está decrescendo como resultado da proibição de seu uso por acordos internacionais. Têm influência indireta sobre o clima pela destruição do ozônio estratosférico. Na troposfera, onde o ozônio tem efeito de gás-estufa, seus teores cresceram 38% a partir de 1750, devido principalmente à queima de gasolina usada no transporte.

A emissão direta de vapor d'água na atmosfera por atividades antrópicas, como a irrigação, é negligenciável. Seu importante papel como gás de efeito estufa é, como já vimos, estritamente dependente da temperatura, não sendo, portanto, sua concentração na atmosfera diretamente afetada pela ação humana.

Finalmente, os aerossóis são também importantes forçantes radioativas, mas seu papel no resfriamento da atmosfera ainda não é bem compreendido, pois restam grandes incertezas tanto nas medidas como no modelamento dos processos envolvidos.

A figura 1 representa a síntese das estimativas da contribuição relativa de cada forçante radioativa relevante para o clima entre 1750 e 2005. A forçante referente aos gases de efeito estufa de longa vida na atmosfera é positiva (RF = + 2,64 [2,37 a 2,91] W/m^2), sendo o CO_2 o responsável pela parcela mais importante (RF = + 1,66 [1,49 a 1,83] W/m^2). A influência negativa do ozônio estratosférico (−0,05 [−0,15 a +0,05] W/m^2) é largamente compensada pela influência positiva do ozônio troposférico (+ 0,35 [0,25 a 0,65] W/m^2). A influência dos aerossóis é negativa, tanto a direta (RF = −0,5 [−0,9 a −0,1] W/m^2) como aquela que ocorre através das nuvens (RF = −0,7 [−1,8 a −0,3] W/m^2). Atividades humanas relacionadas ao uso da terra representaram uma forçante globalmente negativa (RF = −0,2 [−0,4 a 0,0] W/m^2). No entanto, o carbono derivado da queima da biomassa diminui o albedo do gelo, resultando em uma forçante positiva (+0,1 [0,0 a +0,2] W/m^2). Por último, os aviões produzem condensação de nuvens do tipo cirrus, que mais absorvem que refletem a radiação solar, tendo, portanto, efeito forçante positivo, mas muito pequeno. Das forçantes naturais, admite-se que a radiação incidente aumentou um pouco na era industrial, daí o resultado positivo (RF = +0,12 [+0,06 a +0,30] W/m^2). As erupções vulcânicas nesse período foram episódicas e se constituíram em forçantes negativas por curtos intervalos de tempo e, por esse motivo, não são consideradas na figura. Com relação à erupção do Monte Pinatubo em 1991, por exemplo, o resfriamento durou apenas dois ou três anos. Não está excluído, entretanto, que

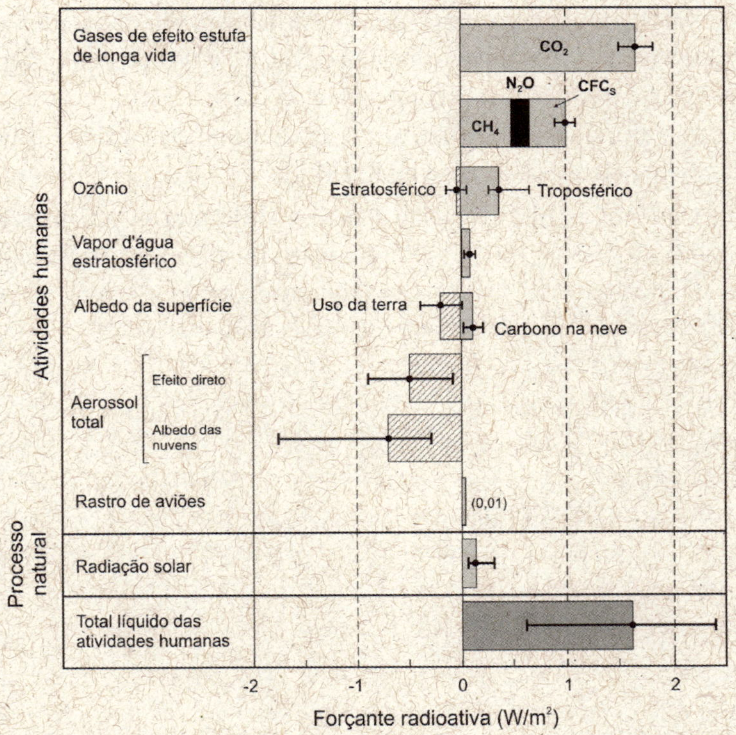

Figura 1. Resumo dos principais componentes da forçante radioativa da mudança climática entre 1750 e 2005. Os valores entre chaves e as linhas pretas associadas a cada barra representam os intervalos de incerteza. Forçantes positivas levam ao aquecimento do clima e forçantes negativas, ao resfriamento. *Fonte*: Figura simplificada a partir do relatório IPCC 2007.

erupções vulcânicas muito mais intensas possam produzir, no futuro, uma forçante negativa apreciável.

Considerando globalmente todas as forçantes, entre 1750 e 2005, a resultante líquida devida à ação antrópica é positiva (+1,6 [−0,6 a 2,4] W/m²) e de valor muito superior à forçante natural devida ao aumento da atividade solar. Os aerossóis representam a principal forçante negativa. Em suma, esse balanço indica que as variações climáticas recentes podem ser atribuídas a variações nas forçantes externas, e que é extremamente provável que a atividade humana tenha exercido e continue exercendo influência significativa no aquecimento do planeta.

No entanto, permanecem incertezas quanto à magnitude e à evolução temporal de cada forçante individual, devidas principalmente às incertezas nas respostas dos modelos às forçantes. Outra fonte de incerteza está nas estimativas da variabilidade climática natural, necessária para contextualizar as mudanças climáticas atuais. O registro instrumental sistemático, que cobre aproximadamente os dois últimos séculos, não é suficiente para oferecer um quadro satisfatório da variabilidade climática natural, pois os registros recentes já são influenciados por forçantes externas de origem antrópica e os anteriores ao século XIX são escassos. É necessário estender o registro da variabilidade climática para tempos mais remotos, para que seja possível compreender melhor quão intensas as variações naturais podem ser, quão rapidamente o clima pode mudar, que mecanismos provocam as mudanças e que forçantes, internas e externas, as controlam. Essa tarefa será levada a cabo pelos estudos paleoclimáticos.

A perspectiva paleoclimática

A reconstrução do clima do passado é realizada pela Paleoclimatologia, utilizando dados instrumentais e de indicadores indiretos (*proxies*). Estes são registros que, quando de alguma forma datados e mensuráveis, podem ser interpretados como representantes de variações de parâmetros climáticos. Para utilizar os indicadores, é necessário calibrá-los previamente, isto é, estabelecer uma conexão entre sua variação e a observação climática, em um período para o qual haja dados disponíveis. Normalmente, nos estudos paleoclimáticos são usados simultaneamente vários indicadores, o que confere maior credibilidade às conclusões.

Exemplos de indicadores naturais utilizados para a reconstituição paleoclimática na escala de centenas ou poucos milhares de anos são os anéis de crescimento de árvores, que informam a variação anual da temperatura e precipitação, e certas características dos corais, que se relacionam à temperatura e à salinidade das águas onde eles se desenvolveram. Outra categoria de indicadores são os documentos históricos que trazem, direta ou indiretamente, informações sobre os climas reinantes em determinadas épocas. No entanto, para avançar mais no passado, é preciso lançar mão de outros indicadores: os testemunhos do gelo e os sedimentos marinhos. Os primeiros permitem a reconstituição das temperaturas globais e dos teores de gases na atmosfera de 650 mil atrás até o presente, por meio da análise das minúsculas bolhas presas no gelo.[14] Os sedimentos marinhos, por sua vez, informam sobre temperatura, salinidade, circulação oceânica, CO_2 atmosférico e volume das geleiras na escala de dezenas de milhões de anos.

Os últimos 650 mil anos

A reconstrução do clima nos últimos 650 mil anos foi realizada em grande detalhe por meio do estudo de um cilindro de gelo, designado Dome C, coletado em 1999 na Antártica por uma equipe de paleoclimatologistas europeus (Epica Community Members).[15] Esse cilindro foi retirado por uma sonda que atingiu a profundidade de 3.190 m e contém desde o gelo recém-depositado, que fica na sua extremidade superior, até o gelo depositado há cerca de 700 mil anos, na extremidade inferior. Para estudá-lo, o cilindro foi cortado em finas fatias, que foram datadas. Delas foram extraídos os gases presos nas bolhas, que permitiram deduzir a composição da atmosfera na época em que o gelo foi depositado. Para cada fatia, foi determinada também a temperatura que prevalecia na época, por meio da composição isotópica do gelo. Assim, foi possível traçar as curvas de variação da temperatura e do teor dos gases de efeito estufa ao longo do tempo (gráfico 2).

[14] E. J. Brooke, "Tiny Bubbles Tell All", em *Science*, nº 310, 2005, pp. 1285-1287.

[15] Epica Community Members, "Eight Glacial Cycles from Antartic Ice Core", em *Nature*, nº 429, 2004, pp. 623-628.

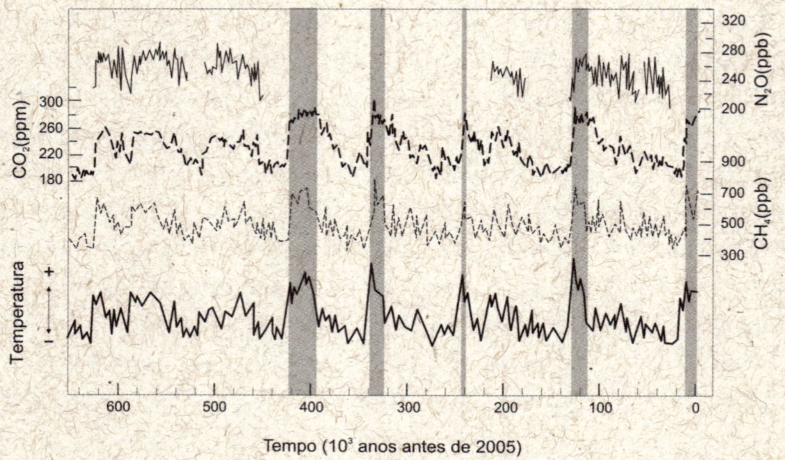

Gráfico 2. Dados provenientes do cilindro de gelo de Epica C, na Antártica, que abrange um intervalo temporal de quase 700 mil anos. Variações relativas da temperatura estimadas pela concentração de deutério (hidrogênio pesado) no gelo e concentrações dos gases de efeito estufa, CO_2, CH_4 e N_2O, medidas nas bolhas de ar presas no gelo. As áreas sombreadas assinalam os períodos interglaciais, como o que vivemos atualmente.
Fonte: Figura simplificada a partir do relatório IPCC 2007.

Os resultados, apresentados e discutidos por Siegenthaler e outros,[16] indicam que, durante os últimos 650 mil anos, ocorreram oito ciclos climáticos, com períodos glaciais de duração média de 80 mil anos, e interglaciais mais curtos, com duração média de 20 mil anos. A passagem de um período interglacial a um período glacial é gradual, enquanto a saída de um período glacial é abrupta. Estima-se entre 4 °C e 7 °C a diferença de temperatura entre os picos dos períodos glaciais e interglaciais. Os quatro períodos interglaciais mais antigos foram mais frios que os mais recentes, mas tiveram duração maior. Atualmente, vivemos em um período interglacial que se iniciou há cerca de 12 mil anos. As causas dessas flutuações climáticas

[16] U. Siegenthaler *et al.*, "Stable Carbon Cycle-Climate Relationship during the Late Pleistocene", em *Science*, nº 310, 2005, pp. 1313-1317.

não são de todo compreendidas, mas certamente estão relacionadas às variações dos parâmetros orbitais (ciclos de Milankovitch). Segundo essa teoria, o resfriamento do clima e a consequente entrada no período glacial seriam desencadeados por uma configuração orbital de insolação mínima no verão à latitude de 65° N. Em verões relativamente frios no hemisfério Norte, onde está a maior parte das terras emersas, o gelo continental não chega a derreter completamente, acumulando-se de ano para ano e gerando, assim, o crescimento das geleiras.

As variações dos teores de gás carbônico, metano e óxido nitroso ao longo do tempo, registradas pelo Dome C, trazem duas mensagens importantes. A primeira é que, até a Revolução Industrial, os teores desses gases na atmosfera variaram dentro de intervalos bastante limitados (CO_2: 180-300 ppmv; CH_4: 350-773 ppbv; N_2O: 200-280 ppbv). A segunda mensagem indica que há uma forte correlação entre os teores dos gases de efeito estufa e as temperaturas ao longo de todo o intervalo de tempo considerado. No entanto, o crescimento/redução dos teores dos gases ocorre com um certo atraso em relação ao aumento/diminuição de temperatura, indicando não ser possível concluir que as variações nos teores dos gases do efeito estufa sejam a causa direta das flutuações glaciais-interglaciais. Entretanto, essas variações certamente contribuem para ampliar as oscilações de temperatura. Por exemplo, um aquecimento inicial causado por fatores orbitais é intensificado à medida que aumenta a concentração dos gases de efeito estufa (retroalimentação positiva).

Além das transições abruptas que iniciam um período interglacial, também durante os períodos glaciais, sobretudo no último, foram registradas mudanças climáticas abruptas, capazes de, por exemplo, elevar a temperatura em 16 °C na Groenlândia em poucas décadas. É, no entanto, improvável que, tal como as glaciações, esses eventos tenham sido globais, pois geralmente ocorreram associados a um fenômeno inverso no outro hemisfério. Não devem, portanto, ter envolvido mudanças na radiação global recebida pela Terra, mas apenas uma redistribuição de calor no sistema climático, associada provavelmente a modificações na circulação oceânica.

O clima após a última glaciação[17]

O último ciclo glacial, iniciado há 116 mil anos, culminou há 21 mil anos. Durante esse período, o mundo era muito diferente do que é hoje, com geleiras cobrindo todo o Canadá e norte da Europa e da Ásia, temperaturas de 4 °C a 7 °C abaixo da média de hoje e o nível do mar 110 m mais baixo. O resfriamento não foi, contudo, homogêneo, tendo sido mais intenso nos continentes que nos oceanos e maior nas altas que nas baixas latitudes. Grandes mamíferos, hoje extintos, como mamutes e tigres dente-de-sabre povoavam as paisagens secas e frias daquela época. Nossos ancestrais, abrigados em cavernas, cobriam suas paredes com as extraordinárias pinturas que vemos hoje nas grutas do sul da Espanha e da França.

Logo depois do último máximo glacial, a temperatura subiu rapidamente e grande parte das geleiras fundiu-se. Apesar de brusco na escala de tempo considerada, o aquecimento não foi contínuo, mas pontuado por pequenos intervalos mais frios, o último dos quais há cerca de 13 mil anos. Nessa época, a temperatura, que estava em elevação, caiu subitamente e as condições glaciais retornaram por mais de mil anos. A partir daí, a temperatura retomou seu curso ascendente, também subitamente. Esse episódio é conhecido como *Younger Dryas*, em alusão à flor do gênero *Dryas*, típica de climas frios, que se espalhou para latitudes mais baixas e deixou polens nos sedimentos, testemunhando a súbita mudança climática. O *Younger Dryas* é muito bem estudado por representar um modelo de oscilação climática brusca causada por fatores naturais.

A retomada das temperaturas mais quentes, há 11.600 anos, marca a entrada da Terra na época atual, o "Holoceno". Após o *Younger Dryas*, o clima tendeu gradualmente ao estado atual, ainda que tenha passa-

[17] W. F. Ruddiman, *Earth's Climate: Past and Future* (Nova York: W. H. Freeman and Company, 2001).

do por oscilações menores, com um abrupto resfriamento de 2 °C a 6 °C registrado na Groenlândia há 8.200 anos. As geleiras continentais do norte da América, Europa e Ásia praticamente desapareceram entre 9 mil e 6 mil anos atrás, e há 5 mil anos chegaram a ocupar uma área um pouco menor que a que ocupam atualmente. Entretanto, não se pode atribuir a essa retração do gelo e à atual as mesmas causas. Ao contrário do que acontecia há 5 mil anos, atualmente a insolação do verão favorece não a retração, mas o crescimento dos mantos de gelo.

Foi após a retomada da temperatura que sucedeu o *Younger Dryas* que os homens se sedentarizaram e inventaram a agricultura. As práticas agrícolas, facilitadas pelo clima ameno, originaram-se no Oriente Médio, onde hoje estão o Irã, o Iraque e a Turquia, e espalharam-se pela Europa, atingindo a Península Ibérica há 7.400 anos e o sul das Ilhas Britânicas há cerca de 6 mil anos.

A evolução das concentrações dos gases de efeito estufa durante o Holoceno é muito bem conhecida a partir das análises dos cilindros do gelo (gráfico 3). O CO_2 flutuou entre 260 ppmv e 280 ppmv. O CH_4 decresceu de 730 ppbv há aproximadamente 10 mil anos para 580 ppbv há 6 mil anos, e cresceu de novo para 730 ppbv no início da era industrial. O N_2O seguiu mais ou menos a mesma evolução dos outros dois gases, com flutuações em torno de 260 ppbv até o início da era pré-industrial.

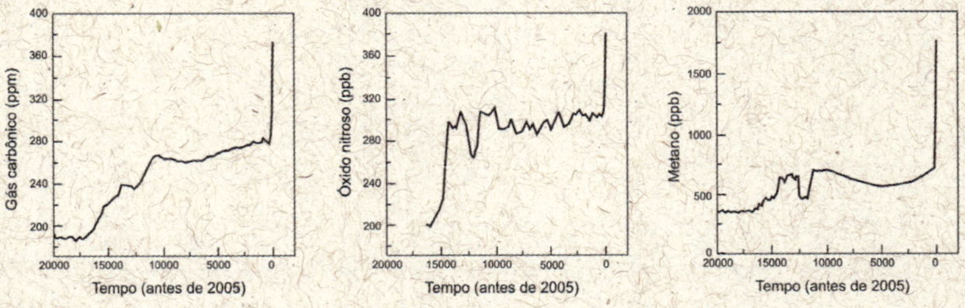

Gráfico 3. Concentrações dos gases de efeito estufa na atmosfera nos últimos 20 mil anos. Os dados são provenientes de várias fontes.
Fonte: Figura simplificada a partir do relatório IPCC 2007.

Os últimos mil anos[18]

Para o hemisfério Norte, os dados instrumentais marinhos e continentais existem desde meados do século XIX, e há uma grande quantidade de estudos utilizando indicadores, o que permite traçar um cenário razoavelmente confiável para as temperaturas médias nos últimos mil anos (gráfico 4).

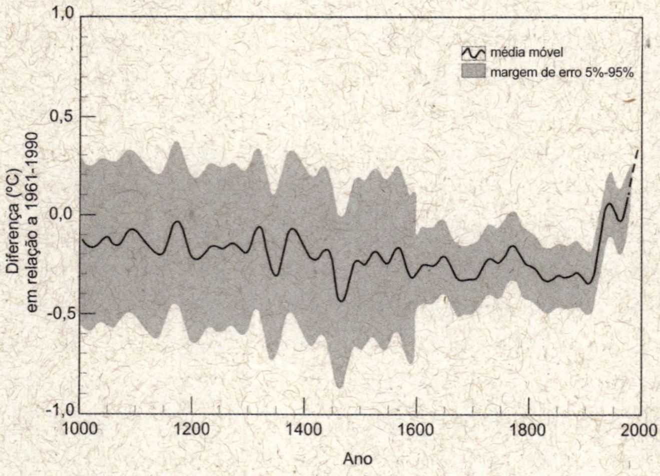

Gráfico 4. Variações da temperatura no último milênio no hemisfério Norte, expressas em relação à média do período 1961-1990. A região sombreada indica o intervalo de incerteza. Observam-se o relativo aquecimento no Ótimo Climático Medieval (1000-1400), o relativo resfriamento da Pequena Idade do Gelo (1400-1900) e o evidente aquecimento do século XX. Os dados são provenientes de vários indicadores indiretos e de medidas diretas.
Fonte: Figura simplificada de Ruddiman, 2001.

Entre os anos 1000 e 1400, na época denominada "Ótimo Climático Medieval", o clima foi relativamente quente, mas, de modo geral, as temperaturas não foram superiores às da segunda metade do século XX. Na verdade, essa época de aquecimento foi muito heterogênea

[18] P. D. Jones *et al.*, "The Evolution of Climate over the Last Millennium", em *Science*, nº 292, 2001, pp. 662-666.

em termos de intervalos temporais e de expressão regional, mas a média de temperatura ficou provavelmente entre 0,1 °C e 0,2 °C abaixo daquela do intervalo 1961-1990. Durante o Ótimo Climático Medieval, o sul da Groenlândia foi povoado pelos nórdicos, que cultivaram o trigo e deixaram em suas crônicas registros da ausência de gelo marinho nos arredores.

O subsequente resfriamento durante a chamada "Pequena Idade do Gelo" (1400-1900) afetou seriamente as populações da Europa. A temperatura média foi de 0,5 °C abaixo da média do período 1961-1990. Nessa época, os lagos, rios e portos congelaram por muitos invernos seguidos e, muitas vezes, as colheitas foram insuficientes, causando períodos de fome e doenças generalizadas.

Tanto o período de aquecimento durante a Idade Média quanto o do resfriamento que se seguiu representaram pequenas oscilações climáticas que ocorreram em escala de tempo de alguns séculos. Esses eventos estão provavelmente associados a flutuações na atividade solar, reconstituídas a partir da observação astronômica direta da intensidade das manchas solares e de outros indicadores indiretos. Especialmente para a Pequena Idade do Gelo, há evidente correspondência entre o período de 1640 a 1700 e um período de ausência praticamente total de manchas solares, denominado *Maunder Minimum*. Por outro lado, pelo menos nos últimos dois milênios, a concentração dos gases de efeito estufa manteve-se aproximadamente estável, para só começar a se elevar no início da era industrial.

Para o hemisfério Sul, os dados instrumentais são muito mais escassos, e os provenientes da Antártica, que dão uma ideia melhor do clima global, só foram gerados a partir de 1970. Os registros paleoclimáticos são menos abundantes que no hemisfério Norte e bem menos estudados; além disso, a evidência documental só aparece a partir do ano de 1500. Apesar dessas severas limitações, o quadro que pode ser traçado reproduz, de modo geral, as mesmas tendências observadas para o hemisfério Norte.

O clima atual visto da perspectiva paleoclimática

Uma constatação marcante com relação às mudanças do clima ocorridas no século XX é que os teores de gases de efeito estufa, principalmente do CO_2, nunca atingiram valores tão altos nos últimos 650 mil anos. O aumento da forçante radioativa combinada do CO_2, N_2O e CH_4 foi, pelo menos, seis vezes mais rápido entre os anos de 1960 e 2000 que em qualquer outro período de quarenta anos durante os dois últimos milênios. O grau de certeza com relação a esses dados é bastante alto, porque esses gases de efeito estufa distribuem-se homogeneamente na atmosfera e as medidas de suas concentrações são diretas.

Com relação às temperaturas atuais, é mais difícil compará-las com as paleotemperaturas, pois esse parâmetro apresenta variações locais que podem exceder em muito o sinal do aquecimento global do século XX, que foi em torno de 0,7 °C. Além disso, as paleotemperaturas são avaliadas indiretamente por meio de indicadores, com menor grau de certeza. De qualquer forma, não há evidências de que as temperaturas tenham estado globalmente mais altas que as do presente, pelo menos desde o início do Holoceno. É provável que a segunda metade do século XX tenha sido o período de cinquenta anos mais quente dos últimos 1.300 anos.

Outro aspecto que torna a situação do século XX especialmente anômala com relação à temperatura é a velocidade das mudanças. A taxa de aumento de temperatura foi dez vezes mais rápida no século XX que no final dos períodos glaciais, quando o aquecimento de 4 °C a 7 °C levava cerca de 5 mil anos. Por outro lado, as transições climáticas abruptas dos períodos glaciais não podem ser comparadas com o aquecimento do século XX porque, ao contrário deste, aquelas não foram globais.

Causas da mudança climática atual

A identificação das causas do aumento de temperatura no século XX é realizada por meio de modelos numéricos que, partindo de certas condições iniciais, reproduzem a evolução da temperatura, levando em conta um conjunto de forçantes naturais e antrópicas.

Entre os modelos mais utilizados estão, por exemplo, os de Stott e outros[19] e de Meehl e outros,[20] os quais, apesar de um pouco diferentes em sua concepção, mostram resultados convergentes. De modo geral, incorporam, como forçantes antrópicas: os principais gases de efeito estufa (CO_2, CH_4 e N_2O), o ozônio troposférico e estratosférico, e as emissões de gases de enxofre, que têm como efeito aumentar o albedo planetário e, portanto, tendem a diminuir a temperatura; como forçantes naturais, são incluídas nos modelos: a variação na quantidade de aerossóis estratosféricos que sucede as erupções vulcânicas explosivas e as mudanças na irradiação solar. As simulações podem levar em conta apenas as forçantes naturais ou, ao mesmo tempo, as naturais e as antrópicas.

Uma síntese dos resultados fornecidos por vários modelos é apresentada no gráfico 5. Fica claro que, para uma melhor representação da evolução das temperaturas no século XX, é necessário levar em conta simultaneamente as forçantes naturais e as antrópicas. As simulações põem muito bem em evidência os três períodos da história do aquecimento no século XX, iniciados em 1910, 1940 e 1970: aumento de 0,35 °C no primeiro período, diminuição de 0,1 °C no segundo, e aumento de 0,55 °C no terceiro período. Além disso, captam as diferenças nas variações de temperatura nos continentes e nos oceanos. Mostram também que a tendência de um incremento na velocidade do aquecimento no período 1970-2000 é bem marcada em todos os continentes, exceto na Antártica. Os modelos apresentam maiores dificuldades nas simulações da evolução da temperatura em escalas menores, tanto espaciais como temporais.

---

19 P. A. Stott *et al.*, "External Control of 20th Century Temperature by Natural and Anthropogenic Forcings", em *Science*, nº 290, 2000, pp. 2133-2137.

20 G. A. Meehl *et al.*, "Combinations of Natural and Anthropogenic Forcings in the Twentieth-Century Climate", em *American Meteorological Society*, nº 17, 2004, pp. 3721-3727.

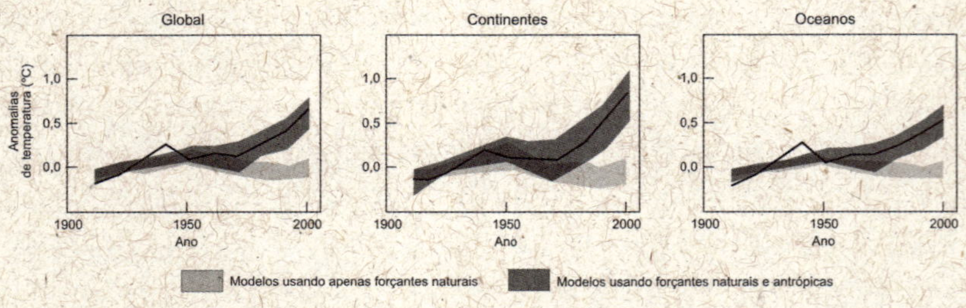

Gráfico 5. Comparação entre as medidas de temperatura média observadas e os resultados fornecidos pelos modelos climáticos, usando apenas forçantes naturais e forçantes naturais e antrópicas. A variação de temperatura é expressa com relação à média no período de 1901 a 1950. Os modelos que usam as forçantes naturais e antrópicas reproduzem melhor os dados observados, tanto na escala global como considerando separadamente continentes e oceanos.
Fonte: Figura simplificada a partir do relatório IPCC 2007.

A conclusão mais importante é que, embora tanto as forçantes naturais como as antrópicas sejam necessárias aos modelos para reproduzir, de modo geral, a curva de evolução das temperaturas do século XX, as forçantes antrópicas são os fatores dominantes no período 1970-2000. Nesse período, o aumento da concentração dos gases de efeito estufa e a depleção do ozônio estratosférico prevaleceram sobre todas as outras forçantes. O resultado isolado das forçantes naturais (solar e vulcânica) teria produzido provavelmente resfriamento e não aquecimento. Por outro lado, os aerossóis antropogênicos contribuíram para que o aquecimento não fosse mais intenso.

As forçantes naturais, todavia, seriam mais importantes para explicar o aquecimento do início do século (1910-1940) e o ligeiro resfriamento do período entre 1940 e 1970, quando a atividade solar apresentava lento acréscimo e o vulcanismo era mais reduzido. Mas, para o período de 1940 a 1970, a forçante antrópica relacionada aos aerossóis de enxofre também contribuiu para o resfriamento. Essa influência declinou a partir de 1970, muito provavelmente em consequência das medidas antipoluição adotadas principalmente nos países industrializados.

O padrão da mudança climática, principalmente no intervalo de 1970 a 2000, mostra aquecimento da troposfera e resfriamento da estratosfera, o que é uma característica própria do aquecimento provocado pela intensificação do efeito estufa. Se, por exemplo, o fator responsável fosse o aumento da insolação, tanto a troposfera quanto a estratosfera seriam aquecidas. A perda de massa das geleiras continentais e o aumento do nível do mar verificados no século XX podem também ser atribuídos ao aquecimento global, já que ocorreram de forma proporcional ao aumento da temperatura. Há evidências de que houve impacto do aquecimento global no ciclo da água e na mudança do padrão das chuvas.

Projeções para o clima do século XXI

Os modelos são as principais ferramentas utilizadas não só para a compreensão e atribuição das causas das variações climáticas passadas, mas sobretudo para as projeções futuras. Atualmente há considerável confiança nos modelos climáticos para fornecer estimativas quantitativas de mudanças futuras, especialmente em escalas continentais. Essa confiança vem da robusta fundamentação teórica, baseada em leis físicas bem estabelecidas; da expansão da base de dados observacionais, principalmente os provenientes de satélites; do progresso computacional, que permitiu um correspondente acréscimo na complexidade dos modelos, incluindo um número crescente de componentes e processos; e da possibilidade de comparação entre diferentes simulações. Os resultados obtidos mostram que os modelos climáticos reproduzem, com notável precisão, aspectos importantes do clima atual, como demonstrado pela comparação rotineira de suas simulações com as observações em escalas de tempo diárias, sazonais e interanuais. E, como já vimos anteriormente para o século XX, os modelos também reproduzem satisfatoriamente mudanças climáticas numa escala de tempo ampla.

A confiança nas estimativas dos modelos é maior para algumas variáveis climáticas, como a temperatura, do que para outras, como a precipitação. As limitações mais significativas decorrem da dificuldade de representar processos de pequena escala, como a formação de nuvens e a variação na cobertura vegetal. As nuvens, por sua natureza transitória e propriedades variáveis, constituem a maior fonte de incerteza na simulação das mudanças climáticas. Cobrindo em média 60% da superfície terrestre, são responsáveis por dois terços do albedo. Um decréscimo de 1% do albedo causaria um aumento de 1 °C na temperatura de equilíbrio, o que é muito significativo, pois corresponde a um efeito radioativo não muito menor que aquele correspondente ao dobrar o conteúdo de CO_2 atmosférico. Como reflexo dessas incertezas, as previsões para as variações da temperatura global, da precipitação e do nível do mar forçosamente serão apresentadas como intervalos de valores em lugar de valores precisos.

O relatório do IPCC de 2007 apresenta as projeções para as futuras mudanças climáticas, obtidas mediante o trabalho conjunto de catorze grupos de modeladores climáticos, provenientes de dez países. As projeções são estabelecidas em cenários que variam com as previsões sobre as emissões dos gases de efeito estufa para a atmosfera em função da demografia, mudanças tecnológicas, mudanças nos padrões de consumo, adoção de medidas de mitigação, etc. A tabela 1 mostra as características de cada família de cenários e o quadro 1 indica as mudanças de temperatura global e o aumento do nível do mar, projetados para o final do século XXI (2090-2099), em comparação com o período de 1980-1999, em cada cenário considerado.

Tabela 1. Estimativas do aquecimento da superfície terrestre e da elevação do nível do mar no final do século XXI (2090-2099) em relação a 1980-1999.

	Aquecimento médio (°C)	Intervalo de temperatura (°C)	Elevação do nível do mar (cm)
Cenário ano 2000	0,6	0,3 - 0,9	
Cenário B1	1,8	1,1 - 2,9	18 - 30
Cenário A1T	2,4	1,4 - 3,8	20 - 45
Cenário B2	2,4	1,4 - 3,8	20 - 43
Cenário A1B	2,8	1,7 - 4,4	21 - 48
Cenário A2	3,4	2,0 - 5,4	23 - 51
Cenário A1FI	4,0	2,4 - 6,4	26 - 59

Quadro 1. Cenários de emissão

A1. A família de cenários A1 descreve um mundo futuro em rápido crescimento econômico, com a população atingindo seu pico em meados do século XXI e declinando em seguida. Haveria rápida introdução de novas e mais eficientes tecnologias. Os cenários A1 admitem três variações: desenvolvimento baseado em uso intensivo de combustíveis fósseis (A1FI); baseado principalmente em fontes de energia não fósseis (A1T); baseado em fontes de energia fósseis e não fósseis (A1B). A modelização para o CO_2 atmosférico no final do século XXI em cada um dos cenários indica concentrações de, respectivamente, 950, 560 e 700 ppmv.

A2. O cenário A2 descreve um mundo muito heterogêneo, baseado num crescente aumento populacional. O desenvolvimento econômico é orientado regionalmente; o crescimento econômico *per capita* e a mudança tecnológica são fragmentados e lentos. O CO_2 atmosférico alcança valores de 830 ppmv no final do século XXI.

B1. O cenário B1 descreve um mundo com a mesma tendência de crescimento populacional de A1, mas com rápidas mudanças na estrutura econômica na direção de uma economia baseada nos serviços e na informação, e com a introdução de tecnologias limpas e eficientes. É caracterizado por soluções globais para a sustentabilidade econômica, social e ambiental, com ênfase na igualdade social, porém sem medidas adicionais com relação ao clima. O valor para o CO_2 atmosférico, no final do século XXI, é de 550 ppmv.

B2. O cenário B2 descreve um mundo no qual a ênfase é em soluções locais para a questão da sustentabilidade econômica, social e ambiental. A população cresceria continuamente, mas em uma velocidade menor que em A2. O desenvolvimento econômico seria de nível intermediário, com mudanças tecnológicas menos rápidas, mas mais diversificadas que em A1 e B1. Embora também orientado para a proteção ambiental e igualdade social, este cenário tem seu foco em soluções locais e regionais. O CO_2 atmosférico fica em torno de 600 ppmv no final do século XXI.

O primeiro resultado importante é que, num cenário em que é mantida a composição atmosférica do ano 2000 e na ausência de mudanças em outras forçantes, a temperatura continuaria a crescer cerca de 0,1 °C por década, nas próximas duas décadas, e chegaria a estar 0,6 °C mais alta no período de 2090 a 2099 em relação a 1980-1999. Essa mudança (*committed change*) é resultado do longo tempo de resposta do sistema climático, principalmente dos oceanos, às variações nas forçantes.

Nos demais cenários, mesmo nos mais otimistas (B1 e A1T), no final do século XXI a concentração de gás carbônico estará bem mais elevada, e as temperaturas e o nível do mar ficarão substancialmente mais altos do que estão atualmente. As geleiras de montanha e o gelo da Groenlândia deverão perder massa, no século XXI, porque o crescente degelo não será compensado por um aumento na precipitação sob forma de neve. Na Antártica, as temperaturas continuarão baixas demais para ocorrer fusão significativa no manto de gelo continental, a não ser em suas bordas; o gelo marinho deverá sofrer diminuição. Em extensas porções do oceano Ártico, não haverá gelo permanente. Em função do aquecimento global, os modelos indicam que a precipitação aumentará nas altas latitudes e decrescerá nas regiões subtropicais e tropicais. A previsão é de que haverá maior número de eventos climáticos extremos quanto à duração e intensidade.

O aumento de temperatura projetado para o século XXI ocorrerá em toda a Terra, sendo maior nos continentes que nos oceanos, e será crescente da costa para o interior dos continentes. É provável que a Corrente do Golfo sofra uma redução de intensidade. Essa corrente oceânica quente, gerada nos mares tépidos do hemisfério Sul, chega à costa da Europa, tornando o inverno mais ameno. Continuando seu percurso em direção ao polo Norte, resfria-se e, em consequência, suas águas tornam-se mais densas, o que a faz mergulhar para grandes profundidades, de volta para o hemisfério Sul, fechando o ciclo. Com o aquecimento global, funde-se o gelo no hemisfério Norte, acarretando um aporte de água doce à corrente oceânica, o que diminui sua densidade, enfraquecendo a circulação. Mesmo que isso ocorra, a Europa permanecerá relativamente quente por causa das forçantes relacionadas aos gases de efeito estufa, que deverão superar o resfriamento associado à redução da corrente. Cenários catastróficos sugerindo o início de uma era glacial desencadeada pelo estancamento da Corrente do Golfo são meras especulações, ausentes em todas as modelagens.

Um outro aspecto preocupante previsto pelos modelos é o aumento de acidez dos oceanos, que ficarão com pH entre 7,95 (A1FI) e 7,75 (B1), dependendo do cenário de emissão considerado. Esse declínio considerável do pH em relação ao valor atual de 8,1 terá, como consequência, uma diminuição na eficiência de absorção do CO_2 atmosférico. Nos últimos dois séculos, de todo o CO_2 emitido pela atividade humana, pouco menos da metade foi absorvido pelos oceanos e pela vegetação continental. Estima-se[21] que, sem a parcela absorvida pelos oceanos, a concentração de CO_2 na atmosfera seria 55 ppmv maior que a atualmente observada (380 ppmv).

As simulações da evolução do teor dos gases de efeito estufa para os próximos dois séculos foram realizadas para cenários de emissões estabilizadas nos níveis atuais, e a –10%, –30%, –50% e –100% dos níveis atuais (gráfico 6). Fica claro que as concentrações irão se estabilizar em níveis inversamente proporcionais à redução das emissões e levarão tanto mais tempo quanto menor for a taxa de redução. Com exceção do último cenário, no qual as emissões cessariam imediatamente, as concentrações dos gases continuam a aumentar com o tempo, mas de forma diferente para cada gás, dependendo de seu tempo de vida na atmosfera.[22] Assim, a concentração de CO_2 levaria mais de dois séculos para se estabilizar, mesmo com uma redução imediata das emissões de 50%. Para o N_2O, com tempo de vida de cerca de 110 anos, a estabilização seria mais lenta que para os CFCs e o CH_4, com tempos de vida de cerca de doze anos. Esse é um exemplo bastante ilustrativo de como as consequências das ações presentes serão sentidas mesmo num futuro remoto.

A maior compreensão obtida nos últimos anos sobre a resposta climática às forçantes radioativas permitiu que se aperfeiçoasse a estimativa de um parâmetro muito importante para as projeções futuras da mudança climática. Esse parâmetro é a "sensibilidade climática de equilíbrio", definida como o aumento de temperatura, em relação à temperatura pré-industrial, esperado em longo prazo (daqui a dois ou três séculos) para uma concentração dos gases de efeito estufa estabilizada em cerca de duas vezes a concentração pré-industrial (550 ppmv). Este valor está no intervalo de 1,9 °C a 4,4 °C, sendo a melhor estimativa de 2,9 °C. A tabela 2 mostra os valores da temperatura para diferentes concentrações de equilíbrio dos gases de efeito

---

[21] C. L. Sabine *et al.*, "The Oceanic Sink for Anthropogenic CO_2", em *Science*, nº 305, 2004, pp. 367-371.

[22] O tempo de vida de um gás na atmosfera é definido como o tempo que leva para sua concentração ser reduzida a 37% da concentração inicial.

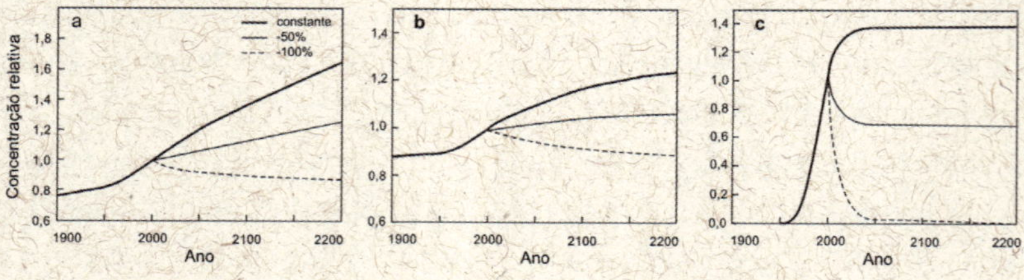

Gráfico 6. (a) Mudanças simuladas na concentração do CO_2 atmosférico para o período de 1900 a 2200, em relação ao ano 2000, para emissões estabilizadas no nível atual, 10%, 30%, 50% e 100% mais baixas que o nível atual; (b) o mesmo que em (a) para um gás como o N_2O, com tempo de vida de cerca de 120 anos, cuja fonte é tanto natural como antrópica; (c) o mesmo que em (a) para um gás como os CFCs, com tempo de vida de aproximadamente doze anos, cuja fonte é essencialmente antrópica. *Fonte*: Figura simplificada a partir do relatório IPCC 2007.

estufa. É importante assinalar que, em longo prazo, as temperaturas serão superiores às temperaturas esperadas na época da estabilização das concentrações dos gases de efeito estufa, por causa da inércia do sistema climático. Por exemplo, para a concentração de gases de efeito estufa igual a 550 ppmv em 2100 (cenário B1), o aquecimento seria de 1,8 °C em relação a 1980-1990 (tabela 1), o que significa 2,5 (1,8 + 0,7) °C em relação ao período pré-industrial. Como já vimos, esse aumento seria de 2,9 °C em longo prazo.

Os modelos indicam que, mesmo para uma concentração de equilíbrio relativamente baixa dos gases de feito estufa, na faixa de 450 ppm, o incremento de temperatura esperado será, em longo prazo, de 2,1 °C. Aumentos de temperatura maiores tornariam perigosa a mudança de clima, com consequências negativas para a estrutura dos ecossistemas, a biodiversidade e o suprimento de água e alimentação, conforme advertiu um grupo de duzentos cientistas de diferentes países em carta enviada aos delegados da XIII Conferência do Clima, realizada na Indonésia no final de 2007. Levando em conta que, se as emissões ficassem constantes no nível do ano 2000, chegaríamos a 2100 com concentrações dos gases de efeito estufa de cerca de 520 ppmv, fica claro o risco de mudança climática significativa no caso de não conseguirmos diminuir as emissões.

Um dos maiores desafios atuais da ciência do clima é aperfeiçoar os modelos, no sentido de melhorar as simulações das mudanças climáticas em escala regional. A resolução espacial atual dos modelos é da ordem de 300 km, e o clima regional é afetado por forçantes que ocorrem a escalas menores, de modo que os modelos nem sempre captam a variabilidade dos parâmetros climáticos na medida necessária para a previsão das mudanças climáticas futuras. Apesar dessas limitações, muitos estudos vêm sendo realizados em várias partes do mundo. O conhecimento acumulado sobre as mudanças climáticas na América do Sul foi sintetizado, em 2007, no livro *A Contribution to Understanding the Regional Impacts of Global Change in South America*.[23]

Tabela 2. Melhores estimativas e intervalos prováveis do aumento das temperaturas médias globais de equilíbrio em longo prazo em relação à temperatura pré-industrial para diferentes concentrações atmosféricas de CO_2 equivalentes.

Concentração de CO_2 eq. no equilíbrio (ppmv)	Melhor estimativa da temperatura (°C)	Intervalo de temperatura (°C)
350	1,0	0,6-1,4
450	2,1	1,4-3,1
550	2,9	1,9-4,4
650	3,6	2,4-5,5
750	4,3	2,8-6,4
1000	5,5	3,7-8,3
1200	6,3	4,2-9,4

Referências bibliográficas

BARD, E. & FRANK, M. "Climate Change and Solar Variability: What's New under the Sun?". Em *Earth and Planetary Science Letters*, nº 248, 2006.

BROOKE, E. J. "Tiny Bubbles Tell All". Em *Science*, nº 310, 2005.

[23] Editado por P. L. da S. Dias, W. C. Ribeiro, L. H. Neves, 2007, disponível em http://www.cptec.inpe.gov.br.

DIAS, P. L. da S.; RIBEIRO, W. C.; NEVES, L. H. (orgs.). *A Contribution to Understanding the Regional Impacts of Global Change in South America*, 2007. Disponível em http://www.cptec.inpe.gov.br.

EPICA COMMUNITY MEMBERS. "Eight Glacial Cycles from Antartic Ice Core". Em *Nature*, nº 429, 2004.

INTERGOVERNMENTAL Panel on Climate Change – IPCC. *First Assessment Report 1990 – Scientific Assessment of Climate Change*. Disponível em http://www.ipcc.ch.

________. *Second Assessment Report – Climate Change 1995: the Science of Climate Change.* Disponível em http://www.ipcc.ch.

________. *Third Assessment Report – Climate Change 2001: the Scientific Basis.* Disponível em http://www.ipcc.ch.

________. *Fourth Assessment Report – Climate Change 2007: the Physical Science Basis.* Disponível em http://www.ipcc.ch.

JONES, P. D. ; OSBORN, T. J. ; BRIFFA, K. R. "The Evolution of Climate over the Last Millennium". Em *Science*, nº 292, 2001.

MEEHL, G. A. *et al.* "Combinations of Natural and Anthropogenic Forcings in the Twentieth-Century Climate". Em *American Meteorological Society*, nº 17, 2004.

MOTE, P. W. & KASER, G. "The Shrinking Glaciers of Kilimanjaro: Can Global Warming Be Blamed?". Em *American Scientist*, nº 95, 2007.

RUDDIMAN, W. F. *Earth's Climate: Past and Future*. Nova York: W. H. Freeman and Company, 2001.

SABINE, C. L. *et al.* "The Oceanic Sink for Anthropogenic CO_2". Em *Science*, nº 305, 2004.

SIEGENTHALER, U. *et al.* "Stable Carbon Cycle-Climate Relationship During the Late Pleistocene. Em *Science*, nº 310, 2005.

STOTT, P. A. *et al.* "External Control of 20th Century Temperature by Natural and Anthropogenic Forcings". Em *Science*, nº 290, 2000.

Aquecimento global: uma visão crítica

Luiz Carlos Baldicero Molion

Introdução

Existem evidências de que o clima, entre cerca de 800 e 1200 d.C., era mais quente do que o de hoje. Naquela época, os nórdicos (*vikings*) colonizaram as regiões do norte do Canadá e uma ilha que foi chamada de Groenlândia (Terra Verde) e que hoje é coberta de gelo. Entre 1350 e 1850, o clima se resfriou, chegando a temperaturas de até cerca de 2 °C inferiores às de hoje, particularmente na Europa ocidental. Esse período foi descrito na literatura como "Pequena Era Glacial". Após 1850, o clima começou a se aquecer lentamente e as temperaturas se elevaram. Portanto, não há dúvida de que ocorreu um aquecimento global nos últimos 150 anos. A questão que se coloca é se o aquecimento observado é natural ou antropogênico.

A fonte primária de energia para o planeta Terra é o Sol. Ele emite radiação eletromagnética (energia) principalmente nos comprimentos de onda entre 0,1 µm e 4,0 µm (1 micrômetro = 1 µm = 10^{-6} metros), que caracterizam a chamada radiação de ondas curtas (ROC). O albedo planetário – percentual de ROC incidente no planeta que é refletido de volta para o espaço exterior, atualmente cerca de 30% – é resultante da variação da cobertura e do tipo de nuvens, da concentração de aerossóis e partículas em suspensão no ar, e das características da cobertura da superfície, como gelo/neve (90% de reflexão), florestas (12%) e oceanos/lagos (10%). Portanto, o albedo planetário controla o fluxo de ROC que entra no sistema terra-atmosfera-oceanos: menor albedo, maior entrada de ROC, aquecimento do sistema terra-

-atmosfera, e vice-versa. O fluxo de ROC não refletido passa através da atmosfera terrestre e boa parte dele é absorvida pela superfície, que se aquece. Porém, para as temperaturas dos corpos, encontrados tanto na superfície como na atmosfera terrestre, os comprimentos de onda emitida estão entre 4,0 µm e 50 µm, numa faixa espectral denominada radiação de ondas longas (ROL). O fluxo de ROL emitido pela superfície é absorvido por gases, pequenos constituintes, como o vapor d'água (H_2O), o gás carbônico (CO_2), o metano (CH_4), o ozônio (O_3), o óxido nitroso (N_2O) e compostos de clorofluorcarbono (CFC), vulgarmente conhecidos por *freons*. Esses, por sua vez, emitem ROL em todas as direções, inclusive em direção à superfície e ao espaço exterior. A absorção/emissão desses gases pelas várias camadas atmosféricas reduz a perda de ROL, emitida pela superfície, que escaparia para o espaço exterior, e constitui o chamado "efeito estufa". O vapor d'água é o gás principal de efeito estufa (GEE) e sua concentração é extremamente variável no espaço e tempo. Por exemplo, sobre a floresta Amazônica existe cinco vezes mais vapor d'água que sobre o deserto do Saara e sua concentração tem uma variação de 30% entre a estação seca e a chuvosa. Em regiões polares e em regiões tropicais, a uma altura acima de 4 km, existe muito pouco vapor d'água e o efeito estufa é fraco. O gás carbônico (CO_2) é o segundo GEE em importância, com concentração até 100 vezes inferior à do vapor d'água. É o gás que tem causado grande polêmica, pois sua concentração, embora baixa, aumentou de 315 ppmv (1 ppmv = 1 parte por milhão por volume, ou seja, 1 ml de gás por metro cúbico de ar), em 1958, para 379 ppmv, em 2005, crescendo à taxa média de 0,4% ao ano. Esse crescimento está sendo atribuído às emissões decorrentes das atividades humanas, como a queima de combustíveis fósseis e florestas tropicais. O metano (CH_4), com concentrações muito pequenas, na ordem de 1,7 ppmv, também vinha mostrando um significativo aumento de 1% ao ano, atribuído às atividades agropecuárias. Mas, a partir de 1998, a taxa de crescimento anual de sua concentração passou a diminuir ou se estabilizou, inexplicavelmente, embora as fontes antrópicas continuem aumentando. Os gases restantes apresentam concentrações ainda menores que as citadas, porém parecem estar aumentando também. O efeito estufa faz com que a temperatura média global do ar, próximo à superfície da Terra, seja de aproximadamente 15 °C. Caso ele não existisse, a temperatura da superfície seria 18 °C abaixo de zero, ou seja, o efeito estufa é responsável por um aumento de 33 °C na temperatura da superfície do planeta! Logo, ele é benéfico para o planeta, pois gera condições que permitem a existência da vida como se a conhece. Em resumo, a estabilidade do clima da Terra resulta do balanço entre o fluxo de ROC absorvido pelo planeta e o fluxo de ROL emitido para o espaço (ROC = ROL). O aquecimento do clima global ocorreria, por exemplo, ou pela redução de albedo planetário, que aumentaria a ROC absorvida, ou pela intensificação do efeito estufa, que reduziria a perda de ROL para o espaço exterior. A hipótese do efeito estufa intensificado é, portanto, fisicamente simples: mantidos a produção de energia solar e o albedo planetário constantes, quanto maior fossem as concentrações dos GEEs, menor seria a fração de radiação de ondas longas, emitida pela superfície, que escaparia para o espaço (redução do fluxo de ROL) e, consequentemente, mais alta a temperatura do planeta.

É dito que a concentração de CO_2 passou de 280 ppmv, na era pré-industrial, para os atuais 380 ppmv, um aparente aumento de 35% da concentração desse gás nos últimos 150 anos. Utilizando tais concentrações nas simulações feitas por modelos de clima global, o incremento na temperatura média global resultante estaria entre 0,5 °C e 2,0 °C, conforme o modelo utilizado. Entretanto, de acordo com o "Sumário para Formuladores de Políticas", extraído do Relatório da Quarta Avaliação do Painel Intergovernamental sobre Mudanças Climáticas,[1] o aumento "observado" está entre 0,4 °C e 0,7 °C. Ou seja, esse aumento está situado no limite inferior dos resultados produzidos pelos atuais modelos climáticos utilizados para testar a hipótese da intensificação do efeito estufa. Porém, se a concentração de CO_2 dobrar nos próximos

[1] Intergovernmental Panel on Climate Change, "Summary for Policy Makers", em *Contribution of Working Group for the Fourth Assessment Report* (Genebra: WMO/Unep, 2007).

cem anos, de acordo com os mesmos modelos de simulação, poderá haver um aumento da temperatura média global entre 2 °C e 4,5 °C, não inferior a 1,5 °C, conforme afirmado no "Sumário para Formuladores de Políticas". Os efeitos desse aumento de temperatura seriam catastróficos! Segundo a mesma fonte, uma das consequências seria a expansão volumétrica da água dos oceanos, que, associada ao degelo parcial das geleiras e calotas polares, notadamente o Ártico, aumentaria os níveis dos mares entre vinte e sessenta centímetros. Esse fato, dentre outros impactos sociais, forçaria a realocação dos 60% da humanidade que vivem em regiões costeiras. Na sequência, foram discutidos o estado atual do conhecimento sobre o assunto e algumas das limitações dos modelos de simulação do clima.

Variação da temperatura nos últimos 150 anos

No gráfico 1, vemos que desvios de temperatura do ar para o globo, com relação à média do período 1961-1990, aumentaram cerca de 0,7 °C desde o ano de 1850. Vê-se que, até aproximadamente 1920, houve apenas variabilidade interanual, em princípio, não tendo ocorrido aumento expressivo de temperatura nesse período extenso, embora haja relatos de ondas de calor como a de 1896 nos Estados Unidos, que deixou mais de 3 mil mortos somente em Nova York. Porém, entre 1920 e 1946, o aumento global foi de aproximadamente 0,4 °C. No Ártico, em particular, em que há medições desde os anos 1880, o aumento foi cerca de dez vezes maior nesse período. Na sequência, entre 1947 e 1976, houve um resfriamento global de cerca de 0,2 °C (reta inclinada), não explicado pelo IPCC, e, a partir de 1977, a temperatura média global aumentou aproximadamente 0,4 °C. O próprio IPCC concorda que o primeiro período de aquecimento, entre 1920 e 1946, pode ter tido causas naturais, possivelmente o aumento da produção de energia solar e a redução de albedo planetário, discutidas mais adiante. Antes do término da Segunda Guerra Mundial, as emissões decorrentes das ações antrópicas eram cerca de 6% das atuais e, portanto, torna-se difícil argumentar que os aumentos de

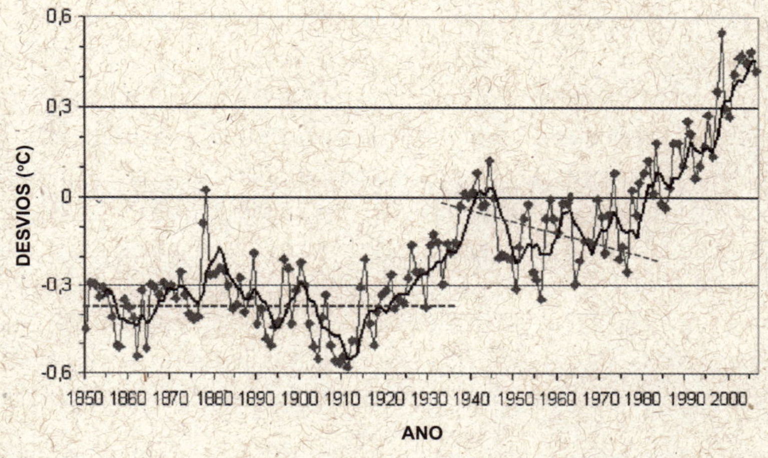

Gráfico 1. Desvios da temperatura média global com relação à média do período 1961-1990. A curva preta é a média móvel de cinco anos e a reta tracejada (inclinada) é a linha de tendência dos desvios na fase fria da ODP, período 1947-1976.
Fonte: Climate Research Unit, 2007.

temperatura, naquela época, tenham sido causados pela intensificação do efeito estufa pelas emissões antrópicas de carbono. A polêmica que essa série de anomalias tem causado reside no fato de o segundo aquecimento, a partir de 1977, não ter sido verificado, aparentemente, em todas as partes do globo.

A série de temperatura média para os Estados Unidos (gráfico 2), por exemplo, não mostrou esse segundo aquecimento, sendo a década de 1930 mais quente que a de 1990. Em adição, a média da temperatura global, obtida com dados dos instrumentos MSU (Microwave Scanning Unit) a bordo de satélites, a partir de 1979, mostrou uma grande variabilidade anual, com um pequeno aquecimento global de 0,076 °C por década, segundo John Christy e Roy Spencer,[2] da Universidade do Alabama, enquanto os registros instrumentais de

[2] J. Christy & R. Spencer, *Global Temperature Report 1978-2003*, The University of Alabama in Huntsville, 2003, disponível em http://meteo.lcd.lu/globalwarming/Christy_and_Spencer/25years_highlite.pdf.

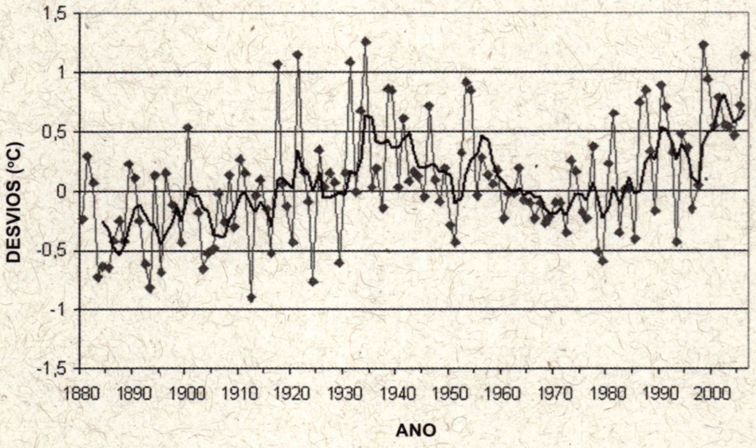

Gráfico 2. Anomalias de temperatura média para os Estados Unidos.
Fonte: Goddard Institute for Space Studies, Nasa.

superfície mostraram um aquecimento de 0,16 °C por década, ou seja, duas vezes maior no mesmo período. Para o hemisfério Sul, satélites mostraram um aquecimento menor, de 0,052 °C por década. Em princípio, satélites são mais apropriados para medir a temperatura global, pois fazem médias sobre grandes áreas, incluindo oceanos, enquanto as estações climatométricas de superfície registram variações de seu microambiente, representando as condições atmosféricas num raio de cerca de 150 metros em seu entorno. As estações climatométricas apresentam outro grande problema, além da não padronização e mudança de instrumentação ao longo dos 150 anos passados. As séries mais longas disponíveis são de estações localizadas em cidades do "Velho Mundo" que se desenvolveram muito, particularmente depois da Segunda Guerra Mundial. Em média, a energia disponível do Sol (calor) é utilizada para evapotranspiração (evaporação dos solos e superfícies de água mais transpiração das plantas) e para o aquecimento do ar durante o dia. Sobre superfícies vegetadas, a maior parte do calor é usada para a evapotranspiração, que resfria a superfície, e o restante para aquecer o ar. Com a mudança da cobertura superficial, de campos com vegetação para asfalto e concreto, a evapotranspiração é reduzida e sobra mais calor para aquecer o ar próximo da superfície, aumentando sua temperatura. Adicione-se, ainda, o calor liberado pelos veículos e pelos edifícios aquecidos, particularmente no inverno, em regiões fora dos trópicos. Esse é o chamado *efeito de ilha de calor*, que faz as temperaturas do ar serem, em média, 3 °C a 5 °C maiores nos grandes centros urbanos quando comparadas às de suas redondezas. Analisando os dados de Beijing e Wuhan (China), Ren e outros,[3] por exemplo, encontraram aumentos anuais e sazonais nas temperaturas urbanas entre 65%-80% e 40%-61%, respectivamente, com relação às estações rurais de suas vizinhanças. No gráfico 1, os dados foram "ajustados" para compensar o efeito da urbanização nas séries de temperatura, porém utilizaram fatores, ou algoritmos matemáticos, de correção que não são necessariamente apropriados ou representem a realidade, já que esse procedimento é subjetivo e, portanto, questionável. Em outras palavras, é impossível retirar o *efeito de ilha de calor* das séries de temperaturas urbanas. Uma das possibilidades, pois, é que o aquecimento, a partir de 1977, que aparece nitidamente no gráfico 1, seja, em parte, resultante da urbanização em torno das estações climatométricas, ou seja, um aquecimento local e não global.

Finalmente, um aspecto muito importante é que as séries de 150 anos são curtas para capturar a variabilidade de prazo mais longo do clima. O período do final do século XIX até as primeiras duas décadas do século XX foi o final da "Pequena Era Glacial", um período frio, bem documentado, que perdurou por cinco séculos. E esse período coincide com a época em que os termômetros começaram a ser instalados mundialmente. Portanto, o início das séries instrumentais de 150 anos, utilizadas no Relatório do Painel Intergovernamental sobre Mudanças Climáticas (Intergovernmental Panel on Climate Change

---

[3] G. Y. Ren *et al.*, "Implications of Temporal Change in Urban Heat Island Intensity Observed at Beijing and Wuhan Stations", em *Geophysical Research Letters*, nº 34, L05711, doi: 10.1029/2006GL027927, 2007.

– IPCC), ocorreu num período relativamente mais frio que o atual e leva, aparentemente, à conclusão errônea de que as temperaturas atuais sejam muito altas ou "anormais" para o planeta. Concluiu-se que existem problemas de representatividade, tanto espacial como temporal, das séries de temperatura observadas na superfície da Terra, o que torna extremamente difícil seu tratamento e sua amalgamação em uma única série. E que estações climatométricas de superfície, portanto, são inadequadas para determinar a temperatura média global da atmosfera terrestre, se é que se pode falar, cientificamente, em uma "temperatura média global".

Gases de efeito estufa

No *Sumário para Formuladores de Políticas* do IPCC, afirma-se que o gás carbônico é o principal gás antropogênico e que sua concentração de 379 ppmv em 2005 foi a maior ocorrida nos últimos 650 mil anos, período em que ficou limitada entre 180 e 300 ppmv. O aumento de sua concentração nos últimos 150 anos foi atribuído às emissões por queima de combustíveis fósseis e mudanças do uso da terra. Monte Hieb e Harrison Hieb,[4] porém, não concordam com tal afirmação. Para eles, mais de 97% das emissões de gás carbônico são naturais, provenientes dos oceanos, vegetação e solos, cabendo ao ser humano menos de 3%, total que seria responsável por uma minúscula fração do efeito estufa atual, algo em torno de 0,12%. Em seu *Relatório*, o IPCC utilizou as concentrações medidas em Mauna Loa, Havaí, cuja série foi iniciada por Charles Kelling no Ano Geofísico Internacional (1957-1958). Essa série foi estendida para os últimos 420 mil anos, utilizando-se as estimativas de concentração de CO_2 obtidas das análises da composição química das bolhas de ar aprisionadas nos cilindros de gelo (*ice core*) que foram retirados da capa de gelo na Estação de Vostok, Antártica, por perfuração profunda (até cerca de 3.600 m). O gráfico 3, extraído do artigo de Jean

---

[4] M. Hieb & H. Hieb, *Water Vapor Rules the Greenhouse System*, 2006, disponível em http://mysite.verizon.net/mhieb/WVFossils/greenhouse data.html, acesso em 6-8-2007.

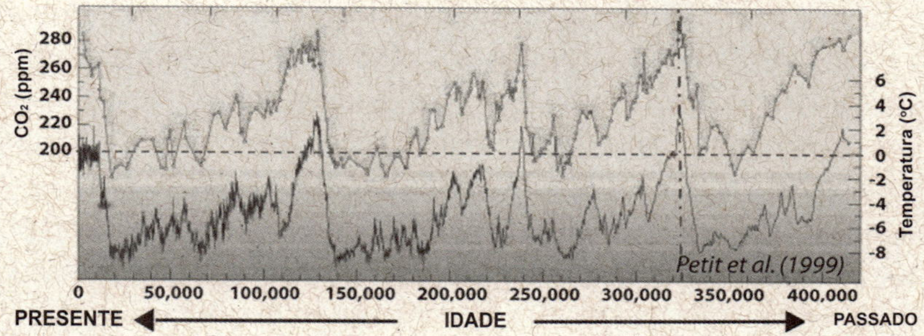

Gráfico 3. Variação da concentração de CO_2 e dos desvios de temperatura (curva inferior) dos últimos 420 mil anos, obtida dos cilindros de gelo da Estação de Vostok, Antártica.
Fonte: J. R. Petit *et al.*, "Climate and Atmospheric History of the Past 420,000 Years from the Vostok Ice Core, Antarctica". Em *Nature*, nº 399, 1999, p. 433.

Robert Petit e outros,[5] publicado em 1999, mostra a evolução temporal da temperatura e da concentração de CO_2, obtida com os cilindros de gelo de Vostok, e foi extensivamente explorada no documentário *Uma verdade inconveniente*, protagonizado por Al Gore. A curva superior é a concentração de CO_2, que variou entre 180 ppmv e 300 ppmv (escala à esquerda), e a inferior é a dos desvios de temperatura do ar, entre –8 °C e +6 °C (escala à direita). Uma análise cuidadosa dessa figura mostra, claramente, que a curva de temperatura apresentou quatro picos, superiores à linha de zero (tracejada), que representam os interglaciais passados – períodos mais quentes, com duração de 10 mil a 12 mil anos, que separam as eras glaciais, cuja duração, por sua vez, é de cerca de 100 mil anos cada uma – há aproximadamente 130 mil, 240 mil, 320 mil e 410 mil anos antes do presente. Portanto, as temperaturas dos interglaciais passados parecem ter sido superiores às do presente interglacial, enquanto as concentrações de CO_2 correspondentes foram inferiores a 300 ppmv. Lembrando que a concentração atual atingiu cerca de 380 ppmv, poder-se-ia concluir que as concentrações de CO_2 aparentemente não foram responsáveis pelas temperaturas altas dos interglaciais passados.

---

[5] J. R. Petit *et al.*, "Climate and Atmospheric History of the Past 420,000 Years from the Vostok Ice Core, Antarctica", em *Nature*, nº 399, 1999, pp. 429-436.

Entretanto, segundo o glaciologista Zbigniew Jaworowski,[6] nunca foi demonstrado que a metodologia dos cilindros de gelo tenha gerado resultados confiáveis e ela sempre tendeu a produzir concentrações de CO_2 30% a 50% abaixo das reais por vários motivos. Um deles é que a hipótese de que a composição química e isotópica original do ar na bolha aprisionada permaneça inalterada por milhares de anos não é verdadeira, pois ocorrem tanto reações químicas como difusão de ar nas bolhas, por estarem submetidas a pressões que chegam a ser, nas camadas mais profundas, de 200 a 300 vezes superiores às da atmosfera. Some-se a isso o fato de o ar da bolha ser cerca de mil anos mais novo que o gelo que o aprisionou, conforme afirmaram Nicolas Caillon e outros, em 2003.[7] Isso porque o aprisionamento da bolha de ar pelo gelo não é instantâneo, já que o processo de precipitação/derretimento da neve passa por vários ciclos (verões/invernos) e é necessário um acúmulo de oitenta metros de altura para a coluna de neve, em sua base, sofrer uma pressão que a faça se transformar em "neve granulada" (em inglês: *firn*), que aprisiona a bolha de ar finalmente. Concentrações obtidas com os cilindros de gelo, portanto, não podem ser comparadas com as medidas atualmente feitas por instrumentos, já que, na melhor das hipóteses, as bolhas de ar nos cilindros de gelo teriam uma representação temporal de mil anos. Dessa análise, conclui-se que, ou existiram outras causas físicas, que não a intensificação do efeito estufa pelo CO_2, responsáveis pelo aumento de temperatura verificado nesses interglaciais passados, ou as concentrações de CO_2 das bolhas no gelo tendem, sistematicamente, a ser subestimadas e, de fato, não representam a realidade da época em que foram aprisionadas. Nesse aspecto, embora a técnica de análise das bolhas de ar nos cilindros de gelo tenha sido uma ideia brilhante, ela não produz resultados confiáveis e, portanto, parece ser um método experimental incorreto cientificamente para a determi-

[6] Z. Jaworowski, "CO_2: the Greatest Scientific Scandal of our Times", em *EIR Science*, 16-3-2007, pp. 38-53.

[7] Nicolas Caillon *et al.*, "Timing of Atmospheric CO_2 and Antarctic Temperature Changes across Termination III", em *Science*, nº 299, 2003, pp. 1728-1731.

nação de concentrações de gases de períodos passados. Em adição, há evidências de que a temperatura do ar tenha aumentado antes do aumento da concentração de CO_2, como sugeriram Nicolas Caillon e outros[8] em sua publicação.

Ao usar apenas a série de Mauna Loa, o IPCC deixa a impressão de que cientistas não teriam se preocupado em medir a concentração de CO_2 antes de 1957. Entretanto, em fevereiro de 2007, o biólogo alemão Ernst Beck[9] catalogou um conjunto de mais de 90 mil medições diretas de CO_2 de 43 estações do hemisfério Norte, obtidas entre 1812 e 2004, por vários pesquisadores renomados, três dos quais, ganhadores de Prêmio Nobel. No gráfico 4, adaptado de

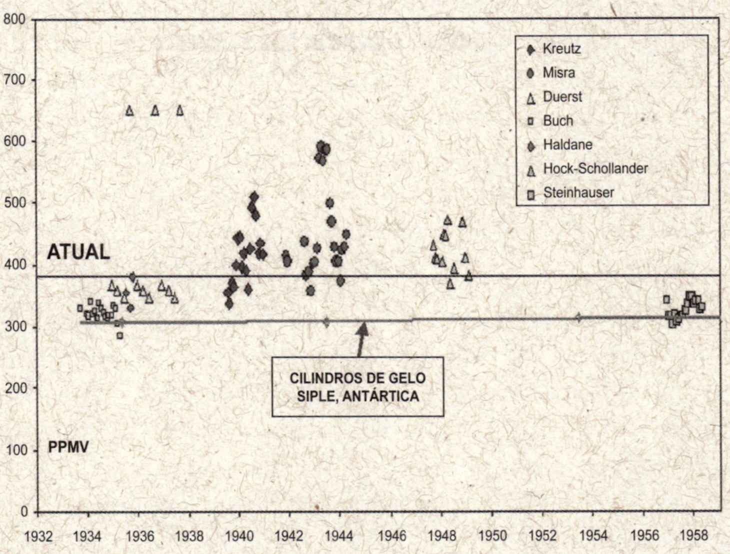

Gráfico 4. Medições químicas de CO_2 atmosférico, feitas por vários pesquisadores na primeira metade do século XX, antes do início das medições em Mauna Loa, Havaí, em 1957-1958.
Fonte: Adaptado de Ernest G. Beck, "180 Years of CO_2 Gas Analysis by Chemical Methods", em *Energy & Environment*, 18 (2), 2007.

---

[8] *Ibidem*.

[9] Ernst G. Beck, "180 Years of CO_2 Gas Analysis by Chemical Methods", em *Energy & Environment*, 18 (2), 2007, pp. 1-17.

seu trabalho, é aparente que a concentração de CO_2 ultrapassou o valor de 379 ppmv várias vezes no século passado, particularmente no período 1940-1942, antes do início das medições em Mauna Loa. Isso contraria a afirmação, contida no *Sumário* do IPCC, de que a concentração de 379 ppmv, registrada em 2005, tenha sido a maior dos últimos 650 mil anos! Nesse gráfico, a linha contínua inferior representa a série das concentrações de CO_2 dos cilindros de gelo de uma outra estação de pesquisa na Antártica, a Estação de Siple. Similarmente aos de Vostok, os valores permaneceram quase constantes, abaixo de 300 ppmv, concordando com as afirmações do glaciologista Zbigniew Jaworowski.

Nesse gráfico, também se notam concentrações mais elevadas de CO_2 com o aumento da temperatura média global, ocorrido entre 1925-1946, seguidas de concentrações menores, obtidas no início dos registros de Mauna Loa (1957-1958), quando o clima global já estava passando por um resfriamento entre 1947-1976 (gráfico 1). Ou seja, há evidências de que primeiro ocorre o aumento da temperatura do ar e depois o das concentrações de CO_2, como afirmado no *Sumário para Formuladores de Políticas* do IPCC.

Não há comprovação de que o CO_2 armazenado na atmosfera seja originário de emissões antrópicas. Afirma-se que o CO_2 atmosférico tenha aumentado na taxa anual de 0,4%, correspondendo a um incremento de 3 bilhões de toneladas de carbono por ano (GtC/ano) armazenadas na atmosfera. De acordo com o *Sumário* do IPCC, as emissões por queima de combustíveis fósseis e florestas tropicais totalizariam 7 GtC/ano. Estima-se que os oceanos, por sua vez, absorvam 2 GtC anuais. Portanto, o balanço $(3 + 2 = 5 < 7)$ não fecha, e ainda faltaria encontrar o sumidouro das 2 GtC/ano restantes, fluxo esse que foi denominado, na literatura, "o carbono desaparecido". A vegetação – florestas nativas, como a Amazônica, e plantadas – possivelmente seria a sequestradora desse carbono.[10] Por outro lado, sabe-se que a so-

[10] L. C. B. Molion, "A Amazônia e o clima da Terra", em *Revista Ciência Hoje*, 8 (48), 1988, pp. 42-46.

lubilidade do CO_2 nos oceanos varia inversamente à sua temperatura. Ou seja, oceanos aquecidos absorvem menos CO_2 que oceanos frios. Como a temperatura dos oceanos aumentou ao longo do século XX, é possível que a concentração de CO_2 atmosférico tenha aumentado por causa da redução de absorção ou do aumento de emissão pelos oceanos. A literatura cita que o fluxo para dentro dos oceanos foi estimado em 92 GtC/ano. Um erro de 10% nessa estimativa corresponderia a uma fração três vezes maior que a que fica armazenada na atmosfera anualmente. Outro argumento utilizado para comprovar que o aumento da concentração de CO_2 é antropogênico é a redução da razão $^{14}C/^{12}C$. O carbono 14 é radioativo e apresenta uma meia-vida de 5.730 anos. Não há mais ^{14}C nos combustíveis fósseis, uma vez que esses foram produzidos há milhões de anos. Assim, sua queima liberaria mais ^{12}C e, por esse motivo, a razão teria decrescido em 2% nos últimos 150 anos. Ocorre que o ^{14}C é formado pela incidência de raios cósmicos galácticos (RCG) – partículas de alta energia provenientes do espaço sideral, cuja contagem é mais elevada durante períodos de baixa atividade solar – na atmosfera e, portanto, quando o Sol está mais ativo, como na primeira metade do século XX, a entrada de raios cósmicos é reduzida, formando menos ^{14}C. Essa deve ter sido a possível causa da redução de 2% da razão $^{14}C/^{12}C$, se for admitido que ela possa ser medida com tal precisão atualmente. Em outras palavras, os argumentos citados anteriormente não comprovam que o aumento da concentração de CO_2 atmosférico seja causado pelas atividades humanas, como queima de combustíveis fósseis, agropecuária e construção de grandes lagos de hidrelétricas.

Modelos de clima global

Sabe-se que a absorção de radiação por um gás segue uma lei logarítmica. Ou seja, pequenos incrementos na concentração do gás, quando esta é baixa, produzem aumentos de absorção bem maiores que grandes incrementos quando sua concentração é alta. Do início da era industrial até o presente, a concentração de CO_2 já aumentou cerca de

35%. Entretanto, segundo o IPCC, a temperatura média global subiu aproximadamente 0,7 °C, enquanto modelos de clima global (MCG) produziram aumentos de 1,0 °C a 2,7 °C para o mesmo aumento de concentração. Os mesmos MCGs projetaram incrementos superiores a 10 °C (por exemplo, Giss/Nasa)[11] na região do Ártico para concentração de CO_2 dobrada, ou seja, cerca de 560 ppmv com relação à de 150 anos atrás. Porém, a análise das séries de dados de temperatura média do ar, registrados para o setor Atlântico do Ártico a partir de 1880, apresentou um incremento superior a 3 °C entre 1886 e 1938, quando a humanidade emitia menos de 10% do carbono que emite hoje, seguido de um decréscimo superior a 2 °C até o final da década de 1960. Atualmente, a temperatura média do Ártico está cerca de 1 °C abaixo da temperatura média do final da década de 1930. Ou seja, exatamente na região onde os modelos previram os maiores incrementos de temperatura, foi observado o oposto desde o período pós-guerra, a partir do qual o consumo global de combustíveis fósseis se acelerou e a concentração de CO_2 passou a subir monotonicamente.

Modelos de clima global (MCG) são programas de computador que utilizam equações ou expressões matemáticas para representar os processos físicos diretos e os de realimentação e/ou interação (*feedback*) entre os diversos componentes do sistema terra-oceano-atmosfera, com a finalidade de simular ou avaliar a resposta do sistema climático sob um forçamento radioativo (aumento ou diminuição do fluxo de energia). Os processos de *feedback* são definidos como mecanismos físicos que amplificam (*feedback* positivo) ou reduzem (*feedback* negativo) a magnitude da resposta do sistema climático para um dado forçamento radioativo.

Que existem sérios problemas com as simulações dos MCGs não é segredo para a comunidade meteorológica. Os MCGs comumente têm dificuldade em reproduzir as características principais do clima atual, como temperatura média global, diferença de temperatura entre Equador e polo, a intensidade e o posicionamento das altas subtropicais e das correntes

[11] Cf. dados divulgados pelo Goddard Institute for Space Studies em 2007, disponíveis em http://data.giss.nasa.gov/gistemp.

de jato, se não for feito o que, eufemisticamente, é chamado de "sintonia" ou "ajustes". Nos modelos de previsão de tempo e de clima, a informação (dados e resultados) está representada em pontos, ou nós, de uma grade tridimensional colocada sobre a superfície do globo e que é resultante do cruzamento de linhas de latitude × longitude × altura. A distância entre os pontos da grade determina a resolução espacial dos processos físicos que podem ser resolvidos pelo modelo. A resolução espacial dos modelos globais era de 250 km a 400 km até recentemente e todos os processos físicos, que se desenvolvem em escalas espaciais muito inferiores a essas, precisam ser resolvidos de uma forma particular, precisam ser "parametrizados", por exemplo, os processos de formação, desenvolvimento, cobertura de nuvens e precipitação, que são fundamentais para o balanço radioativo do planeta. A parametrização é, em geral, feita com algoritmos físico-estatísticos que dependem da intuição física do modelador e, portanto, podem não representar a realidade física e ser questionáveis.

Nesse aspecto, um dos problemas cruciais são as nuvens – seus tipos, formas, constituição e distribuição, tanto em altura como no plano horizontal, e propriedades ópticas – e os aerossóis, que são processos físicos mal-simulados nos modelos. Em princípio, a temperatura global tende a aumentar principalmente com a presença de nuvens estratiformes (forma de "camadas horizontais") na alta troposfera. Essas nuvens altas (tipo "cirro") são mais tênues, constituídas por cristais de gelo em sua maior parte, e tendem a aquecer o planeta, pois permitem a passagem de ROC, mas absorvem fortemente ROL que escaparia para o espaço exterior, ou seja, nuvens cirros intensificam o efeito estufa (*feedback* positivo). Por outro lado, nuvens baixas (tipo "estrato"), mais espessas, tendem a esfriá-lo, pois aumentam o albedo planetário (*feedback* negativo). Por exemplo, o modelo do Serviço Meteorológico Inglês inicialmente previu um aumento superior a 5 °C para o dobro de CO_2. Porém, John Mitchell e outros[12] relataram,

[12] J. F. B. Mitchell, C. A. Senior, W. J. Ingram, "CO_2 and Climate: a Missing Feedback?", em *Nature*, nº 341, 1989, pp. 132-134, disponível em http://www.nature.com/nature/journal/v341/n6238/pdf/341132a0.pdf.

em 1989, que, apenas mudando as propriedades ópticas das nuvens estratiformes, reduziram o aquecimento para menos de 2 °C, ou seja, uma redução de 60%! Em geral, os modelos têm tendência de produzir mais nuvens cirros nas regiões tropicais, resultantes de umidade transportada pelas correntes de ar ascendentes associadas a nuvens de tempestades (cúmulo-nimbos), e amplificar o aquecimento para um dado forçamento radioativo, gerando um *feedback* positivo. Entretanto, Spencer e outros,[13] usando dados de satélites, mostraram que a cobertura de nuvens cirros diminui durante o pico da estação chuvosa em regiões tropicais e, como consequência, existe maior perda de ROL para o espaço exterior, resfriando o sistema oceano-atmosfera. Ou seja, um *feedback* negativo importante que, aparentemente, não foi incorporado nos MCGs! Em adição, na figura 2 do *Sumário* do IPCC, vê-se que a incerteza que o efeito das nuvens tem no clima (forçamento radioativo negativo de −1,8 Wm^{-2}), considerado de nível de entendimento baixo pelo órgão, é igual, porém tem sinal contrário ao do CO_2 (+1,66 Wm^{-2}), dito de nível de entendimento alto. Em linguagem mais simples, segundo o próprio IPCC, o aumento de aerossóis e da cobertura de nuvens baixas, por refletirem mais radiação solar de volta para o espaço exterior, pode cancelar o aumento do efeito estufa pelo CO_2!

Associado a esse, outro problema sério de modelagem é a simulação do ciclo hidrológico e seu papel como termostato do sistema terra-atmosfera. Na natureza, a superfície e o ar adjacente tendem a ser resfriados por evaporação da água da chuva e da umidade do solo, pois esse é um processo físico que consome grandes quantidades de calor. Se não existisse convecção (formação de nuvens profundas, tipo "cúmulo-nimbo") e o resfriamento dependesse apenas da perda de ROL, o efeito estufa, sensivelmente intenso nos níveis próximos ao solo, faria com que a temperatura de superfície alcançasse valores

[13] R. W. Spencer *et al.*, "Cloud and Radiation Budget Changes Associated with Tropical Intraseasonal Oscillations", em *Geophysical Research Letters*, nº 34, L15707, doi: 10.1029/2007GL029698.

superiores a 70 °C! As nuvens cúmulo-nimbos – convecção profunda que os modelos não simulam adequadamente – bombeiam calor latente para fora da camada-limite planetária – camada mais próxima da superfície terrestre com cerca de 1.000 m de espessura – como se fossem verdadeiras chaminés, e o liberam nos níveis médio e alto da troposfera em que o efeito estufa é fraco e, de lá, esse calor é irradiado para o espaço exterior. Dessa forma, a convecção profunda "curto-circuita" o efeito estufa, não permitindo que a temperatura da superfície do planeta atinja valores elevados.

O transporte de calor sensível pelas correntes oceânicas para regiões fora dos trópicos também é mais um processo físico parametrizado, e mal resolvido, nos modelos. O calor transportado para o Ártico, por exemplo, aumenta as temperaturas da superfície do mar da Noruega e, como o efeito estufa é fraco nessas regiões, por causa da baixa concentração de vapor d'água, a emissão de ROL para o espaço aumenta, e o sistema terra-atmosfera-oceano, como um todo, perde mais energia para o espaço exterior. Em 2006, utilizando dados de Reanálises (NCEP), Molion[14] mostrou que, atualmente, a Escandinávia está perdendo 20 Wm^{-2} a mais, em média, do que perdia há cinquenta anos.

A discussão acima não esgota, de maneira alguma, os problemas de modelagem dos processos físicos e as possíveis fontes de erros dos MCGs atuais. Não há dúvida de que o desenvolvimento de modelos seja crítico para que se adquira habilidade futura de entender melhor ou mesmo prever o clima, mas há que se admitir que os modelos atuais sejam uma representação ainda simples, grosseira, da complexa interação entre os processos físicos diretos e os de *feedback* que controlam o clima do globo. Modelos carecem de validação de seus resultados! Portanto, as "previsões" feitas por eles, para os próximos cem anos, podem estar superestimadas e a hipótese do efeito estufa intensificado, aceita pela maioria, segundo se afirma, pode não ter fundamento sólido, já que

[14] L. C. B. Molion, "Variabilidade e forçantes climáticas", em *Anais do XIV Congresso Brasileiro de Meteorologia*, SBMET, 27 de novembro a 4 de dezembro, Florianópolis (SC), 2006.

os resultados de modelos são um de seus três argumentos básicos utilizados em defesa do aquecimento global antropogênico!

Variabilidade climática

Além do efeito estufa, outros processos físicos internos ao sistema terra-atmosfera-oceano, de não menor importância, controlam o clima. Variações da circulação atmosférica, associadas às variações da temperatura de superfície do mar (TSM), por exemplo, alterações na frequência de ocorrência de eventos El Niño-Oscilação Sul (Enos), são outras causas de mudanças significativas na temperatura global. É notória a grande variabilidade causada pelos eventos El Niño (1982, 1987 e 1998), observada na série de temperatura média da troposfera global, produzida pelos sensores MSU a bordo de satélite. O evento El Niño de 1997-1998, considerado o evento mais intenso do século passado, produziu anomalia de temperatura do ar global de cerca de 0,8 °C (acima de 1 °C no hemisfério Norte), enquanto o La Niña de 1984-1985, um resfriamento de −0,5 °C , segundo John Christy e Roy Spencer.[15] Entre um El Niño e um La Niña, portanto, pode haver variações da temperatura média global superiores a 1 °C. Molion,[16] em um artigo publicado em 2005, mostrou que a frequência de El Niños intensos foi maior entre 1977-1998, o que pode ter contribuído para o aquecimento atual, já que El Niños aquecem a baixa troposfera. Conhece-se bem a influência dos oceanos na variabilidade climática de curto prazo (Enos). Mas a variabilidade oceânica de prazo mais longo, e seus efeitos sobre o clima, ainda não são bem conhecidos. Sabe-se que existem mudanças de prazo mais longo nas circulações oceânicas de escala global, da ordem de décadas, como a Oscilação Decadal do Pacífico (ODP), e milênios, como a Circulação Oceânica Profunda, e que elas influenciam fortemente o transporte e a distri-

[15] J. Christy & R. Spencer, *Global Temperature Report 1978-2003*, cit.

[16] L. C. B. Molion, "Aquecimento global, El Niños, manchas solares, vulcões e oscilação decadal do Pacífico", em *Climanálise* 8, agosto de 2005, disponível em http://www6.cptec.inpe.br/revclima/revista.

buição horizontal de calor sensível nos oceanos e, consequentemente, as temperaturas do ar, por causa das variações nas trocas de calor entre a superfície do oceano e a atmosfera. Porém, tais efeitos ainda não foram quantificados com a precisão necessária. Convém ressaltar que os oceanos cobrem 71% da superfície terrestre e que o Pacífico, sozinho, ocupa 35% dessa superfície. Como a atmosfera é aquecida de baixo para cima, os oceanos constituem a condição de contorno inferior mais importante para a atmosfera e para o clima global. Portanto, variações nas configurações das TSM, devido às variações de transporte de calor em direção aos polos, devem produzir mudanças climáticas sensíveis. Há uma surpreendente coincidência entre as fases ODP e a temperatura média global. O resfriamento do clima global durante o período de 1947-1976 (gráfico 1), não explicado pelo IPCC, coincide com a fase fria da ODP, em que o Pacífico tropical apresentou anomalias negativas de TSM. O aquecimento entre 1977-1998, além do efeito da urbanização ("ilha de calor"), pode estar relacionado com a fase quente da ODP – período em que o Pacífico tropical apresentou temperaturas acima da média – durante a qual ocorreu uma frequência alta de eventos Enos intensos, que, como foi dito, também contribuem para aquecer a baixa troposfera. Em adição, foi observado, por Sirpa Häkkinen e Peter Rhines,[17] da Nasa, que a corrente do Golfo do México – corrente marinha que transporta calor para o Atlântico norte, região da Inglaterra, Escandinávia, Groenlândia e Ártico – voltou a ficar mais ativa na metade da década de 1990. Com maior transporte de calor sensível, as TSM aumentam e os ventos de oeste retiram mais calor do Atlântico norte e o transportam para a Europa ocidental – onde está a maior fração dos termômetros utilizados para elaborar o gráfico 1 – que, por conseguinte, apresenta uma mudança climática: um aquecimento local e não global!

Entre os principais controladores externos estão: a variação da produção de energia do Sol, as mudanças dos parâmetros orbitais da

---

[17] S. Häkkinen & P. B. Rhines, "Decline of Subpolar North Atlantic Circulation During the 1990s", em *Science*, nº 304, 2004, pp. 555-559.

Terra e a tectônica de placas. O Sol é a principal fonte de energia para os processos físicos que ocorrem na atmosfera. Porém, sua produção de energia denominada "constante solar", em média 1.368 Wm^{-2}, não é propriamente constante. Observações recentes, feitas por satélites em apenas dois ciclos e meio de manchas solares de onze anos, sugerem que sua produção possa variar 0,2% pelo menos, ou seja, 2,7 Wm^{-2} dentro de um ciclo. Durante o Ciclo de Gleissberg atual – ciclo solar com um período aproximado de noventa anos – essa variação deve ter sido ainda maior, pois o número máximo de manchas solares nos ciclos de onze anos variou de cerca de cinquenta manchas, em 1913, para mais de duzentas manchas, em 1957.

Na figura 1 do artigo de Mike Lockwood e Claus Fröhlich,[18] publicado em 2007, vê-se que a variação da constante solar pode chegar a 4 Wm^{-2} entre um máximo e um mínimo solar. Considerando albedo planetário de 30%, 70% dessas variações (1,9 a 2,8 Wm^{-2}) chegariam à superfície, o que é superior ao efeito de aquecimento climático ("forçamento radioativo", na linguagem do IPCC) de todos os gases antropogênicos liberados pelo ser humano nos últimos 150 anos. A falta de conhecimento atual, porém, não permite a conclusão definitiva de que haja influência da variação da produção de energia do Sol no clima, embora o IPCC afirme que ela não seja significativa (+0,12 Wm^{-2}).

Um controlador interno, mas que pode sofrer influências externas, é o já citado albedo planetário, cujas variações controlam o fluxo de energia solar (ROC) que entra no sistema terra-atmosfera-oceano. Erupções vulcânicas explosivas lançam grandes quantidades de aerossóis na estratosfera, aumentam o albedo planetário e podem causar resfriamento significativo durante décadas. O efeito de uma erupção é sentido rapidamente em curto prazo. Pat Minnis e colaboradores[19] da Nasa, usando dados do experimento orbital Balanço

---

[18] M. Lockwood & C. Fröhlich, "Recent Oppositely Direct Trends in Solar Climate Forcing and Global Mean Surface Air Temperature", em *Proceedings of Royal Society A*, 2007, disponível em http://publishing.royalsociety.org/media/proceedings_a/rspa20071880.pdf.

[19] P. Minnis *et al.*, "Radiative Climate Forcing by Mount Pinatubo Eruption", em *Science*, nº 259, 1993, pp. 1411-1415.

Radioativo da Terra (Erbe), mostraram, em 1993, que a erupção do Monte Pinatubo, nas Filipinas, reduziu de 10 Wm^{-2} a 15 Wm^{-2} a radiação disponível entre as latitudes 40 °N-40 °S durante vários meses. As erupções recentes do El Chichón (1982) e do Monte Pinatubo (1991) causaram resfriamentos durante três anos, com temperaturas de até 0,5 °C abaixo da média, conforme os dados dos MSU analisados por John Christy e Roy Spencer.[20] Os efeitos de erupções vulcânicas no clima, porém, podem ser de prazo mais longo se elas forem mais frequentes. Como, entre 1815 e 1912, de maneira geral, a frequência de erupções vulcânicas foi grande, a concentração de aerossóis e o albedo planetário estiveram altos, e isso pode ter contribuído para manter as temperaturas globais baixas no início da série de temperatura no gráfico 1. Porém, no período de 1915 a 1956, Molion[21] relatou que a atividade vulcânica foi a menor dos últimos quatrocentos anos e o albedo planetário reduziu-se (aumentou a transparência atmosférica), permitindo maior entrada de ROC no sistema durante quarenta anos consecutivos e aumentando o armazenamento de calor nos oceanos e as temperaturas superficiais dos oceanos e do ar. É muito provável, portanto, que o aquecimento observado entre 1925 e 1946, que corresponde a aproximadamente 60% do aquecimento verificado nos últimos 150 anos, tenha resultado do aumento da atividade solar, que atingiu seu máximo em 1957-1958, e da redução da atividade vulcânica, ou seja, reduções de albedo planetário e aumento da transparência atmosférica, e não do efeito estufa intensificado pelas atividades humanas que, na época, eram responsáveis por menos de 10% das emissões atuais de carbono!

Em 1998, o físico dinamarquês Henrik Svensmark[22] sugeriu a hipótese de que raios cósmicos galácticos (RCG) produzam aumento da concentração de núcleos de condensação (NCs) – partículas higroscópicas essenciais para dar início à produção de gotas d'água

---

[20] J. Christy & R. Spencer, *Global Temperature Report 1978-2003*, cit.

[21] L. C. B. Molion, "Variabilidade e forçantes climáticas", cit.

[22] H. Svensmark, "Influence of Cosmic Rays on Earth's Climate", em *Physics Review Letters*, 81 (22), 1998, pp. 5027-5030.

de nuvens e de chuva – ao entrarem na atmosfera terrestre. O aumento da concentração dos NCs induziria o aumento da cobertura de nuvens baixas, que, por sua vez, aumentariam o albedo planetário e tenderiam a resfriar o planeta (*feedback* negativo). O coeficiente de correlação entre os dois fenômenos, contagem de RCG e cobertura de nuvens, é alto (–0,96). Entretanto, Mike Lockwood e Claus Fröhlich,[23] em seu estudo publicado em 2007, contestaram essa hipótese, argumentando que a atividade solar, em declínio desde 1985, não estaria aumentando a cobertura de nuvens e que a temperatura média global estaria aumentando independentemente da atividade solar. A afirmação de Lockwood e Fröhlich foi criticada por vários pesquisadores, que apontaram falhas em seu artigo, entre outras, a questionável técnica usada pelos autores para suavizar os dados de contagens de RCG e a desconsideração do atraso da resposta dos oceanos a flutuações rápidas dos controladores climáticos. Usando dados astronômicos, Shaviv[24] mostrou, em 2002, que o fluxo de RCG deve variar de um fator maior que 2 quando a Terra atravessa os braços galáticos em espiral, o que ocorre a cada 132 ± 25 milhões de anos.

Os exemplos acima citados mostram que o clima é muito complexo, envolvendo controles internos e externos ao sistema terra-atmosfera-oceano, dos quais o efeito estufa é apenas um dos processos, e que houve aumentos de temperatura em tempos remotos, aparentemente sem sua intensificação.

Considerações finais

Em resumo, a variabilidade natural do clima não permite afirmar que o aquecimento de 0,7 °C seja decorrente da intensificação do efeito estufa causada pelas atividades humanas, ou mesmo que essa tendência de aquecimento persistirá nas próximas décadas, como

[23] M. Lockwood & C. Fröhlich, "Recent Oppositely Direct Trends in Solar Climate Forcing and Global Mean Surface Air Temperature", cit.

[24] N. J. Shaviv, "Cosmic Ray Diffusion from Galactic Spiral Arms, Iron Meteorites, and a Possible Climatic Connection", em *Physics Review Letters*, nº 89, 2002, pp. 51-102.

sugerem as projeções produzidas pelo *Relatório da Quarta Avaliação do Painel Intergovernamental sobre Mudanças Climáticas*. A aparente consistência entre os registros históricos e as previsões dos modelos não significa que o aquecimento esteja ocorrendo. Na realidade, as características desses registros históricos conflitam com a hipótese do efeito estufa intensificado. O planeta se aqueceu mais rapidamente entre 1925 e 1946, quando a quantidade de CO_2 lançado na atmosfera era inferior a 10% da atual, e se resfriou entre 1947 e 1976, quando ocorreu o desenvolvimento econômico acelerado após a Segunda Guerra Mundial. Dados dos MSU a bordo de satélites não confirmaram um aquecimento expressivo pós-1979, que é aparente na série de temperatura obtida com termômetros de superfície. No *Sumário para Formuladores de Políticas do IPCC*, publicado em fevereiro de 2007, afirmou-se que a concentração de CO_2 aumentou 35% nos últimos 150 anos. Porém, isso pode ter sido devido a variações internas ao sistema terra-oceano-atmosfera. Sabe-se que a solubilidade do CO_2 nos oceanos depende de sua temperatura com uma relação inversa. Como a temperatura dos oceanos aumentou, devido à redução do albedo planetário e à atividade solar mais intensa entre 1925 e 1946, a absorção (emissão) de CO_2 pelos oceanos pode ter sido reduzida (aumentada) e mais CO_2 ter ficado armazenado na atmosfera. Portanto, não se pode afirmar que foi o aumento de CO_2 que causou o aumento de temperatura. Pode ter sido exatamente o contrário, ou seja, que o CO_2 tenha aumentado em resposta ao aumento de temperatura dos oceanos e do ar adjacente.

Dados paleoclimáticos, como os obtidos com cilindros de gelo da Estação de Vostok, indicaram que as temperaturas do ar estiveram mais elevadas que as atuais nos períodos interglaciais anteriores e que as concentrações desse gás não ultrapassaram 300 ppmv (gráfico 3), sugerindo que o aquecimento do clima não depende da concentração de CO_2. Em adição, existem outros testemunhos indiretos, como os anéis de crescimento de árvores, em que a densidade da madeira varia inversamente ao total pluviométrico em regiões tropicais. Por exemplo, em 1993, Ferraz e outros,[25] da Esalq/USP, analisaram um jatobá-mirim colhido na Amazônia central (Balbina) e constataram que a densidade da madeira de seus anéis de crescimento aumentou nos últimos quatrocentos anos (gráfico 5). Aceitando-se que a variação das chuvas seja o fator ambiental mais importante no desenvolvimento de uma árvore no meio da floresta Amazônica, inferiu-se que o jatobá, durante esse período, esteve submetido a um clima regional que, paulatinamente, veio se tornando mais seco. E isso só poderia estar acontecendo se o clima global estivesse se resfriando!

As análises da temperatura da superfície do mar para o período 1999-2007, elaboradas por este autor com os dados do conjunto de Reanálises do NCEP/NCAR, mostraram uma configuração semelhante à da fase fria anterior da ODP (1947-1976), sugerindo que o

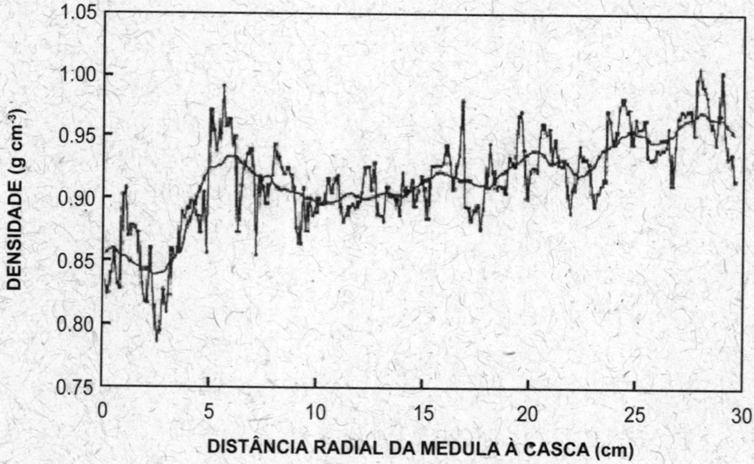

Gráfico 5. Variação radial da densidade da madeira dos anéis de crescimento de um jatobá-mirim, colhido em Balbina, a 170 km a noroeste de Manaus.
Fonte: Ferraz *et al.*, "Densidade da madeira e flutuações climáticas na Amazônia (Treering Density and Climate Fluctiation in Amazon)".

[25] E. S. B. Ferraz *et al.*, "Densidade da madeira e flutuações climáticas na Amazônia (Treering Density and Climate Fluctiation in Amazon)", em *VII Congresso Brasileiro de Agrometeorologia*, Sociedade Brasileira de Agrometeorologia, Porto Alegre, 27 a 30 de julho de 1993.

Pacífico já esteja em uma nova fase fria (figura 1). É possível, portanto, que o clima global venha a se resfriar nos próximos vinte anos, semelhante ao que ocorreu na fase fria anterior (gráfico 1), porém com um agravante: contrariamente ao período da fase fria anterior, o Sol está entrando num período de baixa atividade, um novo mínimo do Ciclo de Gleissberg e de seu ciclo de 170 anos. Observações por satélites mostraram que os valores do fluxo total de ROC, no último mínimo solar em 2006, ficaram abaixo de 1.365,3 Wm^{-2}, inferiores aos mínimos anteriores. A variação da atividade solar nos últimos trezentos anos sugere que, nos próximos dois ciclos de manchas solares, ou seja, até aproximadamente 2030, a atividade solar seja comparável às primeiras duas décadas do século XX. Portanto, como o Pacífico está em uma nova fase fria e a atividade solar estará mais baixa, é muito provável que as condições climáticas globais entre 1947 e 1976 venham a se repetir qualitativamente, ou seja, um arrefecimento global

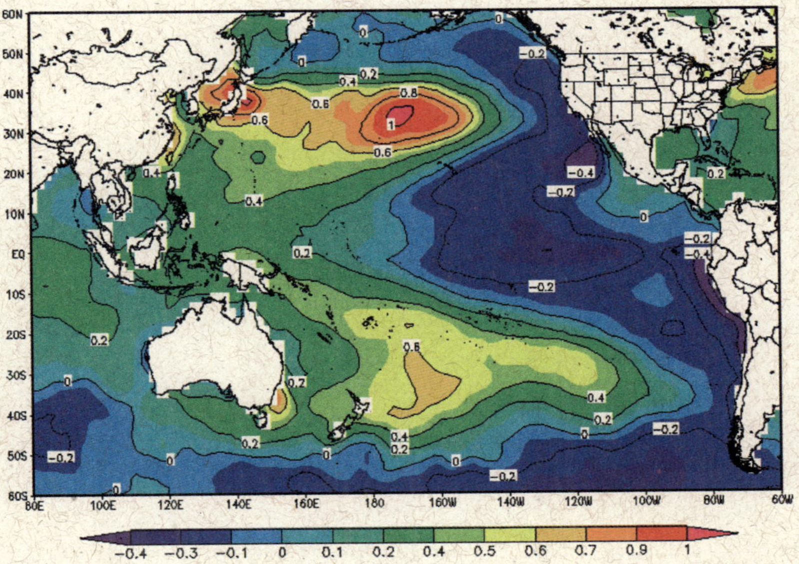

Figura 1. Anomalias da temperatura da superfície do Pacífico no período 1999-2007 (°C), com relação à média do período 1977-1998.
Fonte: Earth System Research Laboratory, Physical Sciences Division.

nos próximos vinte anos. Dados atuais de temperatura média global confirmam essa hipótese e mostram que 1998 foi o ano mais quente dos últimos nove anos, ou seja, o aquecimento global parece ter acabado em 1998!

As análises do período de 1947-1976 (fase fria da ODP), feitas por este autor, mostraram que, de maneira geral, as condições climáticas não foram favoráveis para o Brasil. As chuvas se reduziram em todo o país, resultando em deficiência hídrica para abastecimento de populações e geração de energia elétrica, e as regiões Sul e Sudeste sofreram um aumento na frequência de massas de ar polar intensas (geadas fortes) no inverno, fato que contribuiu decisivamente para a erradicação do cultivo do café no Paraná. A região brasileira mais afetada parece estar compreendida por partes do sudeste do Pará, norte do Tocantins, sul do Maranhão e Piauí, e pela região sudeste da Amazônia, que é a fronteira agrícola de expansão da soja e de futuros canaviais. Essa região poderá apresentar uma redução média de até 500 mm, cerca de 25%, em seus totais pluviométricos nos próximos vinte anos.

Reflexões sobre o propagado aquecimento global deixam evidente que o clima do planeta, sem exagero, é resultante de tudo o que ocorre no Universo. Exemplificando, se a poeira densa de uma estrela que explodiu há 15 milhões de anos adentrasse o Sistema Solar, diminuiria a radiação solar incidente e resfriaria a Terra! O fato de o aquecimento, observado entre 1977 e 1998, muito provavelmente ter sido causado pela variabilidade natural do clima, em sua maior parte, não é um aval para o ser humano continuar a degradar o meio ambiente. Ao contrário, considerando que o aumento populacional é inevitável num futuro próximo, o bom senso sugere a adoção de políticas de conservação ambiental bem elaboradas, destituídas de dogmatismo, e mudanças nos hábitos de consumo para que a humanidade possa sobreviver, isto é, para que as gerações futuras possam usufruir dos recursos naturais disponíveis atualmente. Portanto, a conservação ambiental é necessária e independente de mudanças climáticas, ou seja, do aquecimento ou do resfriamento global.

Referências bibliográficas

BECK, E. G. "180 Years of CO_2 Gas Analysis by Chemical Methods". Em *Energy & Environment*, 18 (2), 2007.

CAILLON, N. *et al.* "Timing of Atmospheric CO_2 and Antarctic Temperature Changes across Termination III". Em *Science*, nº 299, 2003.

CHRISTY, J.& SPENCER, R. *Global Temperature Report 1978-2003*, The University of Alabamain Huntsville, 2003. Disponível em http://meteo.lcd.lu/globalwarming/Christy_and_Spencer/25years_highlite.pdf.

CLIMATE Research Unit, University of East Anglia, 2007. Disponível em http://www.cru.uea.ac.uk.

DONARUMMO JR., J.; RAM, M.; STOLZ, M. R. "Sun/Dust Correlation and Volcanic Interference. Em *Geophysical Research Letters*, 29 (9), 2002.

FERRAZ, E. S. B. *et al.* "Densidade da madeira e flutuações climáticas na Amazônia (Treering Density and Climate Fluctiation in Amazon)". Em *VII Congresso Brasileiro de Agrometeorologia*, Sociedade Brasileira de Agrometeorologia, Porto Alegre, 27 a 30 de julho de 1993.

GREGORY, K. A. *Critique on the Lockwood-Fröhlich Paper.* 2007. Disponível em http://scienceandpublicpolicy.org. Acesso em 10-9-2007.

HÄKKINEN, S. & RHINES, P. B. "Decline of Subpolar North Atlantic Circulation During the 1990s". Em *Science*, nº 304, 2004.

HIEB, M. & HIEB, H. *Water Vapor Rules the Greenhouse System.* 2006. Disponível em http://www.geocraft.com/WVFossils/greenhouse_data.htmlem: 6-8-2007.

INTERGOVERNMENTAL PANEL ON CLIMATE CHANGE. "Summary for Policy Makers". Em *Contribution of Working Group for the Fourth Assessment Report*. Genebra: WMO/Unep, 2007.

JAWOROWSKI, Z. "CO_2: The Greatest Scientific Scandal of our Times". Em *EIR Science*, 16-3-2007.

LAMB, H. H. *Climate: Present, Past and Future.* Vol. 1. Londres: Methuen & Co. Ltd., 1972.

LOCKWOOD, M. & FRÖHLICH, C. "Recent Oppositely Direct Trends in Solar Climate Forcing and Global Mean Surface Air Temperature". Em *Proceedings of Royal Society A*, 2007. Disponível em http://publishing.royalsociety.org/media/proceedings_a/rspa20071880.pdf.

MINNIS, P. *et al.* "Radiative Climate Forcing by Mount Pinatubo Eruption". Em *Science*, nº 259, 1993.

MITCHELL, J. F. B.; SENIOR, C. A.; INGRAM, W. J. "CO_2 and Climate: a Missing Feedback?". Em *Nature*, nº 341, 1989. Disponível em http://www.nature.com/nature/journal/v341/n6238/pdf/341132a0.pdf.

MOLION, L. C. B. "A Amazônia e o clima da Terra". Em *Revista Ciência Hoje*, 8 (48), 1988.

________. "Global Warming: a Critical Review". Em *Revista Geofísica*, 43 (2), Instituto PanAmericano de Geografia e Historia, México, 1995.

________. "Aquecimento global, El Niños, manchas solares, vulcões e oscilação decadal do Pacífico". Em *Climanálise* 8, agosto de 2005. Disponível em http://www6.cptec.inpe.br/revclima/revista.

________. "Variabilidade e forçantes climáticas". Em *Anais do XIV Congresso Brasileiro de Meteorologia*, Sociedade Brasileira de Meteorologia, Florianópolis, 27 de novembro a 4 de dezembro de 2006.

NASA, Goddard Institute for Space Studies, 2007. Disponível em http://data.giss.nasa.gov/gistemp.

EARTH SYSTEM RESEARCH LABORATORY, Physical Sciences Division, NOAA. *Dados de Reanálises*, 2006. Disponível em http://www.cdc.noaa.gov.

PETIT, J. R. *et al.* "Climate and Atmospheric History of the Past 420,000 Years from the Vostok Ice Core, Antarctica". Em *Nature*, nº 399, 1999.

REN, G. Y. *et al.* "Implications of Temporal Change in Urban Heat Island Intensity Observed at Beijing and Wuhan Stations". Em *Geophysical Research Letters*, vol. 34, L05711, doi: 10.1029/2006GL027927, 2007.

SHAVIV, N. J. "Cosmic Ray Diffusion from Galactic Spiral Arms, Iron Meteorites, and a Possible Climatic Connection". Em *Physics Review Letters*, nº 89, 2002.

SPENCER, R. W. *et al.* "Cloud and Radiation Budget Changes Associated with Tropical Intraseasonal Oscillations. Em *Geophysical Research Letters*, vol. 34, L15707, doi: 10.1029/2007GL029698.

SVENSMARK, H. "Influence of Cosmic Rays on Earth's Climate". Em *Physics Review Letters*, 81 (22), 1998.

Economia e política do aquecimento global

José Eli da Veiga
Petterson Molina Vale

Introdução

Apesar da incerteza científica que fica patente na comparação dos dois primeiros capítulos deste livro, não faltaram motivos para que emergisse, nas últimas décadas, um efetivo processo de negociações internacionais com objetivos preventivos: buscar as maneiras mais viáveis de reduzir o aquecimento global e as formas de se adaptar a ele. Os principais momentos desse processo foram: a criação do Painel Intergovernamental sobre Mudanças Climáticas (Intergovernmental Panel on Climate Change – IPCC) em 1988, a Convenção do Clima de 1992 e o Protocolo de Kyoto, negociado em 1997, mas que só entrou em vigor em 2005, após a ratificação da Rússia.

Vinte anos depois do marco fundador que foi a Conferência de Toronto de 1988 (Conference on the Changing Atmosphere), é fácil constatar que ficou na penumbra o debate sobre a racionalidade econômica das decisões políticas que foram sendo tomadas nesse processo. Na verdade, foi somente com a divulgação do Relatório Stern, a partir do final de 2006, que passaram a ganhar relevância as pesquisas anteriores, cuja revisão é o objeto da primeira parte deste capítulo.

Depois de comparada ao debate político, sintetizado na segunda parte, essa revisão aponta para uma clara conclusão. Se assumida a tese do IPCC, não pode haver meio-termo, como o Protocolo de Kyoto. A concentração de gases-estufa na atmosfera precisa ser estabilizada abaixo das 450 partes por milhão, o que exige que a emissão de carbono fique cara para todos os agentes econômicos. Satisfazer-se com metas nacionais de emissão previstas em tratado internacional equivale a duvidar que o IPCC esteja de fato com a razão, mesmo que não se admita explicitamente uma adesão à tese dos "céticos".[1]

Economia do aquecimento global

O aquecimento global está na pauta do debate público internacional há quase quarenta anos,[2] mas a abordagem econômica desse tema esteve até recentemente restrita a um ínfimo número de grupos de pesquisa. A rigor, o debate sobre a racionalidade econômica do combate ao aquecimento só ganhou maior visibilidade em 2007, como consequência direta da publicação do Relatório Stern, em outubro de 2006. Foram as críticas por ele provocadas que ajudaram a tornar conhecidos diversos estudos realizados antes, graças aos incentivos decorrentes da ascensão do IPCC, criado em 1988.

Os alicerces de uma "economia do aquecimento global" (EAG) foram lançados pelo indiscutível pioneiro dessa área de conhecimento: William D. Nordhaus, da Universidade de Yale. Ele formulou as perguntas que continuam a nortear as pesquisas sobre o tema: (a) Qual o nível de emissões antrópicas de CO_2 que realmente provocará sérias mudanças climáticas?; (b) Qual nível de redução pode e deve ser aspirado?; (c) Quanto custará o resultante programa de redução de emissões?; (d) Como pode ser negociado o controle de emissões entre tantas nações e com interesses tão diversos?

Nordhaus procurou responder a essas perguntas por meio de um modelo analítico que toma emissões de CO_2 como bem público global, aquecimento como externalidade global, e que utiliza a otimização de uma função de crescimento econômico sob res-

---

1 Este texto faz largo uso do relatório *Aquecimento Global: um balanço das controvérsias* (52 p., disponível em http://www.zeeli.pro.br), que os autores deste capítulo apresentaram na sessão de 7-11-2007 do ciclo de seminários "Brasil no século XXI: desafios do futuro", da FEA/Departamento de Economia – USP.

2 Foi em 1971 que a conferência "Study of Man's Impact on Climate" reuniu, em Estocolmo, estudiosos provenientes de catorze países.

trição do capital natural para derivar os preços-sombra de CO_2.[3] Rapidamente foi levado a propor um imposto sobre as emissões de carbono como melhor alternativa. Em seguida, lançou-se em previsões sobre a trajetória futura das emissões de CO_2;[4] a estimar os custos do aquecimento previsto (tanto para os Estados Unidos quanto para o restante do mundo); a listar as diferentes políticas disponíveis para enfrentar a ameaça do aquecimento global.[5] A conclusão mais geral e recorrente desses estudos foi a proposta de uma "*climate policy ramp*", na qual os esforços de redução das emissões deveriam ser moderados no início do processo e, só posteriormente, intensificados.

Na década de 1990, certamente por influência da Rio-92, o grupo de pesquisa de Nordhaus deixou de ser referência isolada em EAG. Surgiram outras abordagens e teve início o debate sobre as premissas, metodologias e resultados dos modelos adotados. Aliás, modelos econômico-climáticos bem complexos.[6] Simultaneamente, o livro *The Economics of Global Warming*, de William Cline,[7] fez claras restrições à visão de Nordhaus, mesmo havendo acordo com a proposta de um imposto sobre as emissões de carbono. Chegou inclusive a uma estimativa de US$ 40 por tonelada de carbono (a preços

---

[3] Não apenas o gás carbônico é responsável pelo efeito estufa, mas todos os gases-estufa (*greenhouse gases*), entre os quais estão o vapor d'água, o metano (CH_4), os CFCs e outros. A maioria dos estudos, no entanto, refere-se ao CO_2 (ou apenas ao carbono) por ser o principal gás emitido pelo processo produtivo.

[4] Cf. Jesse Ausubel & William D. Nordhaus, "A Review of Estimates of Future Carbon Dioxide Emissions", em National Academy of Sciences, *Changing Climate* (Washington: National Academy Press, 1983), pp. 153-185.

[5] Cf. William D. Nordhaus, "Slowing the Greenhouse Express: the Economics of Greenhouse Warming", em Henry Aaron (org.), *Setting National Priorities* (Washington: Brookings Press, 1990).

[6] A literatura de EAG costuma utilizar a sigla IAM (*Integrated Assessment Model*) para fazer referência a esses modelos, que tentam prever as repostas que o sistema econômico poderá dar em longo prazo às mudanças ambientais causadas por ele mesmo. Essas relações de *feedback*, assim como todas as demais interações, junto com os longos horizontes de análise, geralmente superiores a cem anos, fazem com que tais modelos sejam bastante complexos.

[7] William Cline, *The Economics of Global Warming* (Washington: Institute for International Economics, 1992).

de 1991) para o ano 2000, aumentando US$ 5 a cada ano. Segundo Cline, isso seria suficiente para diminuir as emissões em 20% relativamente a 1990.

De maneira mais ampla, o que se procura, entretanto, são três respostas: a *escala* aceitável das emissões de gases-estufa; a razoável *distribuição* da renda obtida (por taxação e/ou comércio de permissões de emissão); e a *alocação* eficiente dos benefícios. A resposta em vigor no plano internacional desde 1997 é tão somente a de impor limites quantitativos às emissões, com um mercado de direitos de emissão de carbono (apelidada de *cap-and-trade*). Este é o padrão do Protocolo de Kyoto, que estabeleceu para os países mais industrializados tetos de emissões em 2008-2012. Na prática, pretendeu induzir reduções de, no máximo, 8% para o período 1990-2010. Se cumpridas, esses países teriam uma redução média de 5,2% em duas décadas.

Prevaleceu em Kyoto a ideia de uma "responsabilidade comum, mas diferenciada", que obriga apenas os quarenta países do Anexo I da Convenção a reduzirem emissões, devido à sua "responsabilidade histórica". O Protocolo também considerou que a alocação eficiente seria feita pelo Mecanismo de Desenvolvimento Limpo (MDL), que permite aos agentes negociar suas obrigações de redução de emissões em um mercado de carbono que deveria ser internacional, comprando reduções feitas em países em desenvolvimento.[8]

Tem sido intenso o debate sobre as vantagens e desvantagens de cada um dos esquemas em questão: *cap-and-trade versus* taxação (*cap-and-tax*). No entanto, um sistema *cap-and-trade* para o carbono fun-

---

[8] É muito importante registrar que a expectativa de redução de emissões que pode ser atribuída ao pleno emprego do atual MDL não chega a 1% da necessidade, mesmo na hipótese arriscada de se adotar, como objetivo, a estabilização da concentração de CO_2 em 550 ppm. Como enfatiza Lucon, para 2012, a primeira é de 1.900 Mt CO_2 e a segunda é de 205.333 Mt CO_2, o que dá 0,9% (*Climate Change and Local Responses*, comunicação apresentada ao encontro da Comissão Econômica para a América Latina e o Caribe (Cepal), "Aumentando las respuestas a cambio climático desde America Latina y el Caribe", Santiago, 11-7-2007, disponível em http://www.cepal.org/dmaah/noticias/paginas/7/29147/11_lucon-2.pdf.

ciona, de várias maneiras, como um imposto.[9] A recente experiência da União Europeia, que criou um mercado de carbono para grandes atividades emissoras de dióxido de carbono, é um exemplo de como esse esquema pode funcionar. Em princípio, o governo exige que cada tonelada de emissão corresponda a uma permissão e simultaneamente determina qual será a quantidade disponível de permissões a esses grandes emissores. Tanto quanto um imposto, esse esquema aumenta o preço das energias de origem fóssil, estimulando ao mesmo tempo a minimização dos custos de redução das emissões. Claro, desde que tais permissões possam ser livremente vendidas e compradas. As empresas só recorrerão à compra desse tipo de direito caso seu preço seja inferior ao custo de evitar a correspondente emissão. Além disso, tanto quanto um imposto, o esquema *cap-and-trade* poderia gerar recursos para o governo, desde que houvesse a decisão de leiloar as permissões.

A diferença essencial entre as duas abordagens está na antecipação dos resultados. A taxação permite que os custos sejam conhecidos desde o início, sem que se possa antecipar qual será o volume final das emissões. Em contraste, com um programa como o *cap-and-trade*, tal volume será preestabelecido e coincidirá com o resultado se houver capacidade de *enforcement*, mas os custos serão incertos.

A rigor, um imposto pode ser calibrado de tal modo que se obtenha determinada meta de redução de emissões. Também é perfeitamente possível que um esquema *cap-and-trade* seja concebido de forma a minimizar a incerteza sobre preço, pela criação, por exemplo, de uma "válvula de segurança", derivada da garantia de que o governo venderá novas permissões sempre que o preço de mercado ultrapassar determinado patamar. Esta é, aliás, uma boa maneira de contornar as dificuldades políticas inseparáveis de toda e qualquer proposição de novo imposto.

---

9 Neste parágrafo e nos dois seguintes está reproduzida uma das reflexões contidas no excelente Box 4.1 do Relatório *Lighting the Way*, do Interacademy Council (Amsterdã: Royal Netherlands Academy of Arts and Sciences, 2007), p. 132.

Para a convencional teoria microeconômica das externalidades, a regulamentação quantitativa tende a ser menos eficiente que a taxação, já que esta sinaliza as decisões dos agentes por meio do mercado, produzindo, portanto, maior eficiência alocativa.[10] No caso do aquecimento global, argumenta-se que um imposto harmonizado sobre as emissões de carbono seria mais eficiente por várias razões: apresenta maior flexibilidade para se adaptar à incerteza; reduz drasticamente os custos de transação; evita o problema do carona; levanta recursos para o investimento em mitigação e adaptação.[11]

É importante ressaltar que esse dilema entre os dois esquemas vem sendo motivo de grande preocupação entre os parlamentares americanos e britânicos.[12] Os relatórios técnicos que encomendaram tendem a ser favoráveis à posição de Nordhaus, muito embora devessem apenas descrever o estado da arte em EAG.

O economista Richard Tol, da Universidade de Hamburgo, também foi além ao enfatizar que as conclusões fundamentais de Nordhaus estão consolidadas. Além disso, mediante análise de 103 estimativas do custo marginal das emissões de carbono, publicadas em 28 trabalhos científicos, ele concluiu que: "estimativas de aproximadamente US$ 50/tC exigem cenários pouco prováveis de alterações climáticas, sensibilidade a impactos e valores econômicos".[13]

Todavia, é preciso esclarecer que qualquer cálculo sobre o atual custo social do carbono, assim como do valor do imposto que deveria ser estabelecido num futuro próximo, depende de duas escolhas arbitrárias, que sempre estarão condicionadas a pressupostos éticos.

---

[10] Apesar de o aquecimento global não ser uma externalidade-padrão, pois envolve incertezas de grande magnitude, ineficiência institucional e a ausência de uma jurisdição mundial única.

[11] Cf. William D. Nordhaus, "After Kyoto: Alternative Mechanisms to Control Global Warming", em *American Economic Review*, 2 (96), maio de 2006, pp. 31-34.

[12] Cf. CBO – U.S. Congressional Budget Office, *Climate Change Special Collection*, disponível em http://www.cbo.gov; House of Lords, *The Economics of Climate Change*, vol. I (Londres: The Stationary Office, 2005).

[13] Richard S. J. Tol, "The Marginal Damage Costs of Carbon Dioxide Emissions: an Assessment of the Uncertainties", em *Energy Policy*, nº 33, 2005, pp. 2064-2074.

Tabela 1. Opções de política, seus resultados e custos

Opções	Aumento da temperatura 1900-2100 (em °C)	Custo social da tonelada de carbono em 2005 (em US$ de 2005)	Imposto sobre o carbono em 2010 (em US$ de 2005)	Pressupostos do modelo Taxa de desconto do consumo (r), do tempo (ρ) e da elasticidade da utilidade marginal do consumo (η)
Sem controle	2,87	27,8	0,0	$r = 5{,}5\%$, $\rho = 1{,}5\%$, $\eta = 2$
LIMITES DE CONCENTRAÇÃO				
420 ppm	1,64	144,0	189,7	Idem
560 ppm	2,57	29,2	39,6	Idem
700 ppm	2,76	27,3	37,1	Idem
LIMITES DE AUMENTO DE TEMPERATURA				
+ 1,5 °C	1,50	106,5	140,8	Idem
+ 2,0 °C	2,00	45,3	60,2	Idem
+ 2,5 °C	2,47	31,3	42,2	Idem
+ 3,0 °C	2,71	27,9	37,9	Idem
KYOTO				
Kyoto atual	3,30	28,1	1,2	Idem
Kyoto reforçado*	2,52	27,1	36,2	Idem
OUTROS				
Ótimo de Nordhaus	2,76	27,3	33,8	Idem
Proposta de Stern	1,50	23,9	305,2	$r = 1{,}4\%$, $\rho = 0{,}1\%$, $\eta = 1$

* Com a hipótese de adesão dos Estados Unidos, Austrália e emergentes.

Fonte: William D. Nordhaus, *The Challenge of Global Warming: Economic Models and Environmental Policy*, New Haven, Yale University, p. 160.

A opção "sem controle" também é chamada de "*business as usual*" (BAU), e representa a ausência de políticas; os limites de concentração atmosférica de CO_2 são dados em partes por milhão; a política ótima de Nordhaus é aquela que iguala benefícios marginais a custos marginais em cada período; a proposta de Stern é avaliada por meio da inserção dos pressupostos relativos à taxa de desconto no modelo Dice-2007.

Primeiro, a fixação do objetivo em termos de concentração de dióxido de carbono na atmosfera (ou de aumento da temperatura). Depois, a taxa de desconto. Conforme cálculos mais recentes de Nordhaus, se a opção for por um aumento limitado a 2 °C entre 1900 e 2100, sua estimativa do custo social do carbono para 2005 será de US$ 45,3 e o valor do imposto proposto para 2010 de US$ 60,2. No entanto, como também calculou que o aumento ótimo seria de 2,8 °C (o que está longe de ser consenso entre os cientistas naturais), ele propõe, então, para 2010, um imposto de apenas US$ 33,8 – correspondente a uma estimativa do custo social do carbono de US$ 27,3 em 2005 (mais detalhes dessas estimativas estão na tabela 1).

Uma das principais recomendações do estudo, feito em 2005 para os lordes britânicos, foi no sentido de que o Tesouro tomasse a liderança em aprofundar o entendimento da EAG. Como a opinião pública estava pouco informada sobre o assunto e as repercussões de uma decisão mal tomada para o orçamento do governo poderiam ser catastróficas, impunha-se "uma abordagem baseada em evidências imparciais". Mas o resultado foi o já citado Relatório Stern, cuja conclusão central deu grande força à crítica à visão de Nordhaus feita desde 1992 por Cline.

Segundo o relatório Stern, a sociedade deve enfrentar imediatamente o problema do aquecimento global, investindo 1% do PIB do planeta. Caso contrário, o valor presente dos custos dos danos futuros será igual à perda de 5% a 20% do PIB mundial "agora e para sempre". A julgar por tais conclusões, a humanidade estaria no limiar de uma verdadeira catástrofe.

Alguns de seus críticos acham que esse relatório até pode estar certo por razões erradas. Concordam com a proposta de início imediato de ações muito mais firmes que as previstas no Protocolo de

Kyoto, mas ponderam que o pressuposto ético da igualdade intergeracional[14] não é um argumento economicamente razoável para justificar tal urgência.[15] A diferença entre a trajetória dos investimentos em mitigação, proposta pelo Relatório Stern e pela "rampa" de Nordhaus, está ilustrada no gráfico 1.

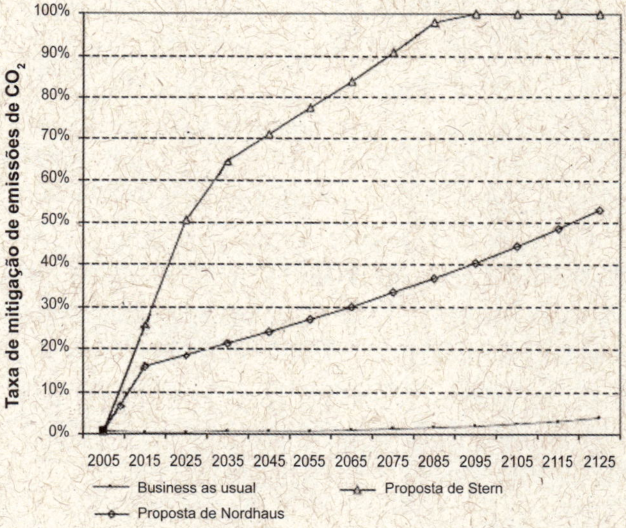

Gráfico 1. Taxas de mitigação da "rampa" de Nordhaus, do Relatório Stern e do cenário BAU.
Fonte: William D. Nordhaus, *The Challenge of Global Warming: Economic Models and Environmental Policy*, New Haven, Yale University, p. 169.

---

[14] Stern invoca o pressuposto ético de igualdade intergeracional para assumir uma taxa de desconto do tempo (ρ) = 0,1%. Argumenta que a preferência pelo consumo presente (ρ) só se justifica devido ao risco de extinção da espécie humana, pois não seria moralmente correto dar maior peso ao consumo presente por simples impaciência. Imputando esse valor na equação do equilíbrio de Ramsey (VI), junto com η = 1 e g = 1,3%, o relatório obtém uma taxa de retorno do capital de 1,4%, que fica muito abaixo das taxas reais de juros observadas no mercado. Note-se que tal posicionamento ressuscitou as ideias de Cline (1992). Ele havia adotado ρ = 0,1%, η = 1,5 e g = 1,5%, respectivamente, e acreditava que esses parâmetros não deveriam ser determinados pelas taxas observadas no mercado.

[15] Segundo as estimativas desses autores, o custo social da tonelada de carbono estaria atualmente por volta de US$ 15 e deveria aumentar consistentemente a uma taxa anual igual à taxa real de juros (cf. D. Murphy, R. S. J. Tol, G. Yohe, "On Setting Near-Term Climate Policy while the Dust Begins to Settle: the Legacy of the Stern Review", em *Energy and Environment*, 18 (5), 2007).

Nesse debate, o grupo favorável a Nordhaus vem argumentando que o Relatório Stern não cumpre os padrões mínimos de transparência científica, pois não divulga informações importantes que são necessárias para que o procedimento adotado seja reproduzido. Por outro lado, os partidários de Stern enfatizam o fato de que o relatório trata a incerteza de maneira menos omissa do que seus oponentes, adotando um modelo estocástico, que considera não apenas o valor mais provável de uma variável, como também a sua distribuição de probabilidades.

O gráfico 1 mostra a "rampa" de investimentos em mitigação proposta por Nordhaus, a proposta de intervenção imediata de Stern e o cenário em que não há intervenção (BAU).

Coube a Partha Dasgupta esclarecer que está em jogo uma discussão mais ampla sobre as diferentes correntes filosóficas que defendem escolhas éticas alternativas.[16] A escolha ética feita por Stern está alinhada com a escola utilitarista, ao procurar distribuir igualmente o consumo entre as diferentes gerações. A opção de Nordhaus é a de utilizar os sinais observáveis no mercado sobre a remuneração do capital e não fazer nenhum tipo de consideração sobre qual seria a mais desejável distribuição inter e intratemporal. E lembra que também existem outras perspectivas filosóficas, como a de Rawls, segundo a qual a sociedade deve beneficiar a geração mais pobre. Ou a de Koopmans, que exige que cada geração deixe para a próxima pelo menos a mesma quantidade de capital (tangível, natural, humano e tecnológico) que recebeu da geração anterior, o que admitiria uma vasta gama de taxas de desconto não nulas.[17]

Em suma, existe uma forte controvérsia sobre o nível ótimo de mitigação das emissões de CO_2, que levará bastante tempo para ser

---

[16] Cf. Sir Partha Dasgupta, "Comments on the Stern Review's Economics of Climate Change" (9-12-2006); e "Discounting Climate Change" (2007), disponíveis em http://www.econ.cam.ac.uk/faculty/dasgupta/pub07/.

[17] Cf. John Rawls, *A Theory of Justice* (Oxford: Oxford University Press, 1972); Tjalling C. Koopmans, "Representation of Preference Orderings over Time", em C. B. McGuire & R. Radner (orgs.), *Decision and Organization* (Amsterdã: North Holland, 1972).

superada (se for), por causa dos pressupostos éticos envolvidos. Por outro lado, verifica-se a formação de certo consenso sobre a necessidade de criação de imposto sobre as emissões de carbono.

No entanto, em 2007, com o início da publicação do quarto relatório do IPCC, passou a ser mais considerada a possibilidade de um aquecimento abrupto (em decorrência da perda de resiliência do sistema climático), que poderia causar danos irreversíveis. Isso tem reforçado as dúvidas quanto à tese da maior eficiência de um imposto sobre o carbono, pois, com ele, não é possível garantir *ex-ante* que será respeitado determinado limite de emissões. Quanto mais clara for a possibilidade de mudança de patamar da curva de danos climáticos, em decorrência de um aumento abrupto da temperatura, mais aconselhável se torna o controle quantitativo das emissões, pois permite que se estabeleça, como teto de emissões, um nível inferior àquele que potencialmente causaria um aumento brusco da temperatura.

Como já foi dito, o esquema *cap-and-trade* não permite saber de antemão como serão distribuídos os direitos e os benefícios. As duas possibilidades que têm sido exploradas pelo U.S. Congressional Budget Office são a de venda e a de distribuição gratuita desses direitos a determinados setores. A primeira utilizaria o mercado para distribuí-los, já que estariam à venda, desde o início, para quem quisesse comprá-los, e levantaria fundos que poderiam ser utilizados na redução de outros impostos, de modo a manter o equilíbrio fiscal.

A segunda possibilidade é mais conhecida, pois já é utilizada pela União Europeia desde 2005. Um dos principais argumentos para a sua adoção é o de que os setores privilegiados com o recebimento dos direitos de emissão poderiam ser aqueles ligados à exploração de recursos energéticos, já que o simples anúncio do controle lhes causaria a perda de valor de mercado.

As consequências de um ou outro tipo de regulação recairiam majoritariamente sobre os consumidores. Por isso, devem ser considerados os resultados em termos de distribuição de renda, já que os custos e os benefícios da intervenção poderiam ter impactos regressivos.

E, nesse caso, a alternativa que se destaca é a da venda dos direitos, pois a receita obtida poderia ser empregada na redução da carga tributária de modo a atenuar possíveis efeitos regressivos da regulamentação. Além disso, pode ser direcionada às empresas ou aos setores que perderem valor de mercado devido ao início da regulamentação.

Tudo indica que a consciência das vantagens e desvantagens de cada esquema poderá levar a uma evolução do consenso que já parece ter se formado em torno da necessidade de um imposto.[18] E, apesar de a controvérsia polarizada por Nordhaus e Stern permitir a dedução de que existe esse consenso, não está nem um pouco claro se o regime que vigorará após 2012 se baseará nele.

Política do aquecimento global

O desafio da cooperação internacional envolve decisões políticas de grande peso, pois cada país tem interesses dos mais diferenciados no combate à mudança climática, e a conjugação desses interesses acaba quase sempre deixando os argumentos econômicos em segundo plano. Além disso, demorou muito para que as evidências científicas começassem a ser realmente levadas a sério. A rigor isso só aconteceu em 2007, 36 anos depois que a primeira reunião internacional sobre o tema reuniu estudiosos de catorze países em Estocolmo.[19]

Foram necessários quase dois decênios para que uma organização fosse montada pela ONU para consolidar os resultados das pesquisas sobre a mudança climática: o Painel Intergovernamental sobre

---

[18] Uma evolução no sentido de um arranjo híbrido, assim formulado por William D. Nordhaus, *The Challenge of Global Warming: Economic Models and Environmental Policy*, cit., p. 130: "Imaginamos que uma abordagem híbrida, chamada de *cap-and-tax* (tetos e preço), possa combinar os pontos fortes das abordagens quantitativa e de preços. Um exemplo de plano híbrido seria o tradicional sistema *cap-and-trade* (tetos e comercialização), combinado com um imposto sobre a produção de carbono e com uma válvula de escape, disponível a um preço mais restritivo. Por exemplo, o valor inicial do imposto do carbono poderia ser de US$ 30 por tonelada de carbono com uma válvula de escape caracterizada pela disponibilização de compras adicionais de permissões a um preço 50% superior".

[19] Study of Man's Impact on Climate, 1971.

Mudança Climática (IPCC, na sigla em inglês). Decisão que saiu de uma conferência mundial realizada em 1988, em Toronto, cujo título enfatizava "as implicações das mudanças atmosféricas para a segurança global". Quatro anos depois foram adotados no Rio de Janeiro os fundamentos do complexo processo institucional posterior: a Convenção do Clima.[20] Ainda outros cinco anos se passaram até que fosse assinado o Protocolo de Kyoto, em 1997. E mais oito para que ele pudesse entrar em vigor, em 2005, após a ratificação da Rússia. Um total de 34 anos!

O pior é que, mesmo depois desse terço de século, não se podia afirmar que tivesse tido sério desdobramento político a tomada de consciência sobre a necessidade de reduzir as emissões de CO_2 e preparar a adaptação ao já inevitável aquecimento. No âmbito político, o processo só começou a esboçar uma real inflexão no final da primeira década do século XXI. Em razão de uma longa lista de fatos concatenados que vão do furacão Katrina, em 2005, à posse de Barack Obama, em 2009, passando por uma forte concentração de episódios em 2007, como o Nobel compartilhado por Al Gore com o IPCC, ou a publicação do Relatório Stern.[21] Quase quarenta anos, portanto.

Muitas outras coisas foram ocorrendo simultaneamente, com destaque para iniciativas de melhorar a eficiência energética de muitos sistemas, ou para as pesquisas científicas e tecnológicas com energias renováveis. Mas tudo isso foi seriamente influenciado pela lentidão do processo institucional. Por isso, o marco até agora mais significativo desse processo foi a assinatura do Protocolo de Kyoto, pois foi ele que mais moldou as tendências atuais. E será o que acontecer com ele que determinará as alterações para a próxima fase, a partir de 2012.

---

[20] Convenção-Quadro das Nações Unidas sobre as Mudanças Climáticas (UNFCCC). Assinada por 189 países, o mais próximo que se chegou de uma unanimidade global. Em segundo lugar está o Tratado de Não Proliferação de Armas Nucleares, de 1968, que chegou a ter 187 adesões antes da retirada da Coreia do Norte, em 2003.

[21] Sir Nicholas Stern liderou uma equipe de economistas do Reino Unido que fez, sob encomenda do governo britânico, uma das análises retrospectivas mais extensas já realizadas sobre o tema: *The Economics of Climate Change: the Stern Review* (Cambridge: Cambridge University Press, 2007).

Então, é preciso começar pela constatação de que esse protocolo criou grave trava política por uma razão que é eminentemente ética. Na prática, o único critério adotado para definir as responsabilidades pela estabilização da concentração de gases-estufa na atmosfera foi o histórico. O que parece tão justo quanto lógico, já que se trata de um fenômeno essencialmente cumulativo, que começou a ficar sério com a industrialização. A grande responsabilidade pela redução das emissões deveria caber, portanto, aos países que primeiro se industrializaram e hoje são ricos. Não aos que se atrasaram e, por isso, ainda são pobres ou remediados.

Não houve séria objeção a esse argumento, o que levou a uma separação dicotômica das responsabilidades, na qual todos os países ditos "em desenvolvimento" não precisaram se comprometer em conter suas emissões. E os ditos "desenvolvidos" assumiram irrisórias metas de redução, que foram cumpridas pelos que tiveram colapsos econômicos, no Leste Europeu. E que talvez sejam cumpridas até 2012 por algumas raras exceções, como o Reino Unido.

Todavia, já é discutível que a responsabilidade possa ser atribuída às gerações que usaram e abusaram das energias fósseis quando nem se sabia que isso causava estrago. É mais ou menos como se a maior parte das populações das Américas e da Oceania atribuísse a culpa a seus antepassados europeus por algo que eles não tinham a mínima possibilidade de saber. A rigor, as responsabilidades pelas emissões de carbono só deveriam ser avaliadas a partir da data em que houve razoável reconhecimento coletivo de que elas eram a principal causa do aquecimento global.

Mais uma dupla de critérios

Mas esse argumento não poderá mais alterar o debate, já que houve unanimidade em Kyoto. E não é nefasto que os países mais ricos tenham sido encarregados de começar a faxina. O problema, no entanto, é que existem dois outros critérios éticos que não poderiam ter sido menosprezados. Um relativo ao presente e outro ao futuro.

Se o aquecimento global é uma questão tão séria para a própria viabilidade da vida humana no planeta, quem pode mais deve fazer mais, independentemente de estar entre os que primeiro causaram o problema, ou seja, as nações com maior capacitação científico-tecnológica – e com mais capital humano – devem assumir compromissos de redução de emissões, mesmo que não façam parte do grupo pioneiro da industrialização e tenham que assumir, pelo critério adotado, a tal "responsabilidade histórica".

Esse segundo critério, no entanto, não altera muito a lista dos países mais responsáveis, pois existe uma grande coincidência entre a capacidade presente de responder ao problema e o fato de terem sido os primeiros a se industrializar. As duas listas são semelhantes, embora a ordem em que os países aparecem seja bem diferente. E as poucas exceções – como Israel ou Taiwan – não chegam a alterar o panorama de forma significativa.

Todavia, o mesmo não ocorre com o terceiro critério, que é o da sustentabilidade e está obviamente ligado ao futuro. Dada a natureza do problema do aquecimento global, não faz nenhum sentido isentar de responsabilidades os países que ainda não são desenvolvidos, mas que já são, ou serão, grandes emissores de carbono. Seria como autorizar que alguns continuassem a furar o casco de um barco sob o risco de afundar enquanto outros fossem obrigados a tapar seus buracos porque são os mais antigos...

Esse é evidentemente o caso da China, da Índia, do Brasil, da Indonésia, da África do Sul e de alguns outros países da semiperiferia emergente. Por ter-se fixado apenas no discutível critério das responsabilidades históricas, o Protocolo de Kyoto gerou uma espécie de direito de continuar a emitir a alguns países que, de nenhuma maneira, podem ser equiparados aos mais de cem países que continuam realmente pobres.

Em outras palavras, é uma falácia usar a expressão "em desenvolvimento" para colocar no mesmo saco um segundo mundo formado por um punhado de economias em ascensão e um terceiro formado por mais de uma centena de países com economias que nem sequer decolaram.

O pior é que essa precariedade do Protocolo de Kyoto também serviu como ótimo argumento para que os conservadores no poder de nações-chave – como Estados Unidos, Canadá e Austrália – deixassem de ratificá-lo. E um tratado internacional dessa importância sem a participação do principal país emissor foi evidentemente um ótimo pretexto para que muitos outros fizessem muito menos do que poderiam e deveriam ter feito.

Nem é preciso continuar nessa crítica ao Protocolo de Kyoto para que se perceba a debilidade dos incentivos institucionais ao arranque da transição decorrentes de uma governança mundial da mudança climática. Em vez da percepção do combate ao aquecimento global como fonte de novos mercados e novas oportunidades de negócios, predominou largamente a percepção inversa: a visão de que reduzir emissões só implica sacrifícios, ônus que não se deve assumir sob pena de prejuízo ao desenvolvimento.

Mesmo assim, engatinharam três tipos de iniciativas para dar preço ao carbono, encarecendo sua emissão. Duas das quais bem características do periclitante início do processo de transição moldado pelo Protocolo de Kyoto: os mercados de créditos de carbono e um esquema de compensações de emissões sob a égide do Mecanismo de Desenvolvimento Limpo (MDL). Mas antes delas também foi usado algo bem mais tradicional.

Encarecer o carbono

Desde 1990, sete anos antes de Kyoto, a Noruega havia introduzido o instrumento mais preconizado pelos economistas: o imposto. Foi muito importante para encorajar inovações tecnológicas limpas, e o exemplo foi logo imitado pela Suécia, Finlândia e Dinamarca. Entretanto, não tiveram sucesso as tentativas de harmonizar suas regulamentações, o que forneceu uma espécie de prova da imensa dificuldade de obter acordos internacionais sobre instrumentos fiscais.

Simultaneamente tinha ocorrido nos Estados Unidos uma bem-sucedida experiência na redução das emissões de dióxido de enxofre, com consequente contenção da chamada chuva ácida. Foi assim que surgiu a hoje popular expressão *cap-and-trade*, cuja melhor tradução não tem chances de pegar: teto e comércio. O teto significa que se fixa um limite para as emissões e, portanto, para a cota que cada participante terá direito de emitir. O comércio significa a compra e venda desses direitos ou autorizações entre os participantes. Quem percebe que não conseguirá ficar dentro de sua cota de emissões tem interesse em comprar parte da cota de outro que já esteja mais eficiente. E, ao vender essa parte, este recebe um prêmio por ter se antecipado na adoção das inovações limpas.

É importante frisar que nos Estados Unidos esse mercado de direitos de emitir dióxido de enxofre só se viabilizou depois de assegurado ao público que o teto anual seria significativamente declinante. Esse é, aliás, um dos casos mais interessantes de inovação institucional resultante de negociações entre empresários e ambientalistas, em sentido oposto à fixação de padrões técnicos, fiscalização e multas a cargo de organismos governamentais, o que se convencionou chamar de "comando e controle". Mostrou que certas agressões ao meio ambiente podem ser mitigadas por mecanismos de mercado que resultam de regulamentações, principalmente as de incentivo.[22]

Outra vez, era duvidoso que um modelo baseado em experiência nacional que envolvia poucas empresas emissoras, e cujas soluções tecnológicas já eram conhecidas, também pudesse funcionar em termos internacionais, e para um problema tão cheio de incertezas quanto a mudança climática. Mas, na segunda metade dos anos 1990, estava tão forte a onda contrária ao papel do Estado na economia que nada poderia ter levado os negociadores de Kyoto a ter dúvidas sobre

[22] Uma síntese dessa experiência está nas páginas 155-162 do livro *Desenvolvimento sustentável: o desafio do século XXI*, de José Eli da Veiga (Rio de Janeiro: Garamond, 2005). Para saber mais, a referência só pode ser o fascinante livro *Tudo à venda: as virtudes e limites do mercado*, de Robert Kuttner (São Paulo: Companhia das Letras, 1998).

a possibilidade dessa transposição. Por isso rejeitaram o imposto e entronizaram o *cap-and-trade*.

Logo depois desse protocolo, em 1999, a petroleira britânica BP estabeleceu entre suas subsidiárias um mercado interno para o comércio de créditos de emissões de dióxido de carbono, cujo custo de implantação chegou a US$ 20 bilhões. Mas que nos três anos seguintes teria poupado à empresa a incrível bolada de US$ 650 milhões. Talvez por isso o Reino Unido tenha se adiantado ao dar início, em 2004, à primeira experiência nacional de *cap-and-trade* para todas as suas emissões de carbono. Entretanto, já no início do ano seguinte, a iniciativa já foi absorvida pelo esquema europeu de comércio de emissões.[23]

A participação é obrigatória para as principais indústrias emissoras de cada um dos atuais 27 países membros. São obrigados a aderir a uma cota de emissões os setores de geração de energia, metalurgia, produção de cimento, tijolos, polpa de celulose e papel. O que corresponde a cerca de 40% das emissões de carbono da União Europeia.

Mas é importante ressaltar que a distribuição dos créditos entre os vários setores industriais fica a cargo de cada governo nacional. Com isso, a tendência é atribuir muito mais cotas às geradoras de eletricidade, pois são as menos expostas à competição internacional. Como os tetos iniciais foram extremamente generosos, devido à superestimação das emissões previstas, o preço do crédito de carbono desabou em 2006, fazendo com que as autorizações dadas no ano anterior ficassem quase sem valor. Por isso, depois de tirar as lições desse fracasso, a União Europeia organizou uma "nova fase" para o período 2008-2012, com limites muito mais restritivos.

Coisas parecidas surgiram nos Estados Unidos. A Califórnia tem um sistema estadual. Na região nordeste há um consórcio interestadual. E a voluntária Bolsa do Clima de Chicago vem operando com certo sucesso desde 2003. Algo parecido ocorre na região australiana de New South Wales. E também são otimistas as avaliações do Banco Mundial, que relatam aumentos de um suposto "mercado mundial de carbono".

[23] EU ETS: European Union Emissions Trading Scheme.

Todavia, multiplicam-se as constatações de que o comércio de carbono não será suficiente. Basta lembrar que o desafio climático exigirá transformações profundas em setores que jamais poderão ser afetados por esquemas *cap-and-trade*. Agricultura, transporte privado, ou moradia, não terão como entrar na transição via mecanismos de mercado de direito de emissão.

Outra frustração

A segunda pérola do Protocolo de Kyoto foi o já citado MDL, que leva países ricos à obtenção de créditos mediante projetos redutores em países que continuam livres para emitir. Fica bem mais barato para um país rico incentivar um país pobre a viabilizar projetos benéficos ao clima, em vez de fazer o mesmo que fizeram os ricos no passado. Houve mesmo quem chamasse esse mecanismo de "pulo do gato".

Porém, foi outra frustração, pois sérios obstáculos logo se tornaram óbvios. Principalmente a dificuldade de garantir que os projetos resultassem, de fato, em redução suplementar de emissões. E de provar que elas não poderiam ter sido evitadas sem recurso ao MDL. Em fevereiro de 2007, um artigo devastador sobre o tema foi publicado na revista *Nature*. Alguns meses depois um relatório intitulado "Emission Impossible", com um balanço ainda mais negativo da efetividade do mecanismo, foi publicado pelo World Wide Fund for Nature (WWF). Confirmou-se a suspeita de que ele estava servindo para que os países ricos continuassem a emitir livremente. Usando apoios a projetos como o de uma hidrelétrica na China cuja construção havia começado em outubro de 2003.[24]

A maneira de superar esse problema é a existência de uma organização sem fins lucrativos com credibilidade para certificar projetos voltados a todo e qualquer mercado compensatório (*offset*) de carbo-

[24] M. Vara, "Is the Global Carbon Market Working?", em *Nature*, vol. 445, pp. 595-596, 18 de fevereiro de 2007; WWF-UK, *Emission Impossible*: Access to JI/CDM Credits in Phase II of the EU Emissions Trading Scheme, junho de 2007. Disponível em http://assets.panda.org/downloads/emission_impossible_final_.pdf.

no. Ela já existe e se chama "The Gold Standard Premium Quality Carbon Credits".[25] Foi criada por sessenta ONGs que se envolveram no processo de regulamentação dos mecanismos previstos no Protocolo de Kyoto. Mas só começou a operar justamente em 2006, quando o esquema europeu estava em plena crise, sem que pudesse ser prevista a inflexão global dos anos seguintes, ou seja, a virada de 2008/2009 puxada pela eleição de Obama à presidência dos Estados Unidos.

Iluminando o caminho

Em flagrante contraste com o pessimismo que pode resultar da constatação de que o Protocolo de Kyoto foi uma grande trapalhada, são extremamente otimistas as avaliações sobre as tecnologias necessárias para frear os gases de efeito estufa. Segundo muitos estudos, elas já estariam disponíveis ou em via de entrar no mercado.

A abordagem sempre citada, talvez por ter sido a primeira, foi proposta em 2004 por dois pesquisadores de Princeton: Steve Pacala e Robert Socolow.[26] Eles ilustraram o problema com a ajuda de um gráfico em triângulos com um único vértice em 2004, e bases de tamanho semelhante em 2050. O que pode ser facilmente transformado num diagrama em forma de *pizza* em que cada uma de sete fatias representa emissões de 25 bilhões de toneladas de carbono (pouco mais de 90 bilhões de toneladas de dióxido de carbono) nos cinquenta anos seguintes. A forma da fatia de *pizza* ajuda a entender que os efeitos deverão variar gradualmente. De praticamente nada, em 2004, na fina ponta da fatia, a reduções de vários bilhões de toneladas de carbono por ano em sucessivas aproximações da borda.

As contas da dupla precisariam ser atualizadas, mas o que interessa é a ideia básica: já são conhecidas as tecnologias que podem dar conta do problema.

---

[25] Ver http://www.cdmgoldstandard.org/.

[26] S. Pacala & R. Socolow, "Stabilisation Wedges: Solving the Climate Problem for the Next 50 Years with Current Technologies, em *Science*, vol. 205, pp. 968-972, 13 de agosto de 2004.

Por isso, não poderia ter sido mais oportuno o relatório *Iluminando o caminho: em direção a um futuro de energia sustentável*, lançado no final de outubro de 2007 pelo Interacademy Council, que articula as mais importantes academias de ciência e de engenharia do mundo, com sede na Holanda. Toda a ênfase está na necessidade de acelerar as pesquisas científicas e tecnológicas focadas nas possibilidades de descarbonização das matrizes energéticas. Claro, enquanto esses futuros modos de subverter a ditadura das energias fósseis não se viabilizarem, será imprescindível avançar em soluções paliativas, entre as quais se destacam nove: a) aumento da eficiência energética; b) redução da intensidade de carbono das economias; c) captura e sequestro de carbono proveniente de combustíveis fósseis, principalmente do carvão; d) uso da energia nuclear, condicionado ao equacionamento de sua tripla restrição (custo, segurança e risco bélico); e) maior uso de energias renováveis já disponíveis; f) maior uso de biocombustíveis; g) tecnologias de armazenagem de energia; h) melhores infraestruturas de transmissão; i) desenvolvimento de novos vetores energéticos, como o hidrogênio.

Contudo, tanto a aceleração das pesquisas de fronteira quanto esses imprescindíveis avanços em soluções paliativas dependerão de "sinalização de preço para a emissão de carbono", repete incansavelmente o relatório. Nas dezenas de páginas em que tal condicionante é mencionada, lê-se que tal sinalização deve ser "certa", "significativa", "realista", "clara", "robusta", "firme", "consistente" e "efetiva". Outras passagens garantem que já existiria razoável consenso de que o preço da emissão de uma tonelada de carbono deveria estar hoje entre US$ 100 e US$ 150, o que significaria um preço entre US$ 27 e US$ 41 para a tonelada de CO_2.

Esses valores podem ser facilmente contestados, pois – como foi visto no tópico anterior – seus cálculos dependem de duas escolhas arbitrárias, com evidentes pressupostos éticos: a de um teto para o aumento da temperatura (ou para a concentração de CO_2 na atmosfera) e a de uma taxa de desconto do futuro. Também não há clareza, no relatório, sobre a necessidade de se acoplar um imposto ao esquema de metas quantitativas de emissões, o que engendraria uma política híbrida (*cap-and-tax*). Mas tais insuficiências são bem secundárias se comparadas à relevância da contribuição desse relatório para o fortalecimento da tese de que emissão de carbono tem de custar caro. E isso só aumenta as chances de que a racionalidade econômica também seja convidada a participar das negociações da Convenção do Clima.

Muito mais do que a racionalidade econômica, o que influencia o processo institucional de combate ao aquecimento global é o pressuposto de que já existem as imprescindíveis soluções tecnológicas. Só assim se pode entender a generalizada convicção de que o melhor caminho é o da adoção/imposição de metas máximas nacionais de emissões de gases-estufa, contrabalançada pela construção de um mercado de carbono baseado no MDL. No entanto, uma séria questão não pode ser evitada: será realmente possível estabilizar (para, depois, reduzir) a concentração de gases-estufa na atmosfera com iniciativas que fixem limites às emissões, conforme diretriz adotada desde 1995?

Resposta das mais otimistas veio justamente da já citada contribuição de Robert Socolow e Stephen Pacala, reproduzida na edição especial da revista *Scientific American – Brasil*, de outubro de 2006. Para que haja estabilização nos próximos cinquenta anos, sem impedir o crescimento econômico, seria preciso adotar um conjunto de medidas adiante sintetizado em meia dúzia de tópicos.

(1) No transporte, além de uso crescente de biocombustíveis, os derivados de petróleo também devem ser substituídos por hidrogênio obtido por eletrólise. Para conseguir a indispensável eletricidade limpa, é proposto um amplo leque de iniciativas.

(2) Substituir as usinas convencionais a carvão e a gás por instalações capazes de capturar o carbono e bombeá-lo para o subsolo.[27]

[27] Algumas empresas estão avançando na direção do carvão limpo, mas o impacto positivo de tais iniciativas ainda demorará a chegar. Segundo analistas, o uso do carvão poderá aumentar 75% nas próximas décadas. E os dados do Departamento de Energia dos Estados Unidos também indicam que as emissões de CO_2 produzidas pelo carvão também poderão

(3) Ampliar o aproveitamento de fontes renováveis indiretas, como a hídrica e a eólica, além das diretas, como células fotovoltaicas e espelhos que aquecem fluidos e acionam turbinas.

(4) Explorar a fonte geotérmica.

(5) Aumentar o uso da energia nuclear, desde que surjam soluções políticas para a destinação do lixo radioativo, para o funcionamento seguro dos novos reatores e para o risco de uso bélico.

(6) E tudo isso acompanhado de três fundamentais pré-requisitos: drástica redução do consumo de eletricidade permitida pela modernização de residências e de estabelecimentos comerciais e industriais; redução da natalidade que permita chegar, em 2050, com população mundial de 8 bilhões, em vez de 9 bilhões; e fim dos desmatamentos.

Nem é preciso dizer que esse tipo de plano, idealizado por um ecólogo e um engenheiro, soa como história da carochinha para pesquisadores das ciências sociais aplicadas. Talvez fosse mais realista pedir a imediata eleição de um governo mundial do que supor a viabilidade de uma coordenação de tais iniciativas por quase duas centenas de nações. Por outro lado, esse tipo de abordagem ajuda a realçar a dimensão estratégica do problema. Mesmo que muitos dos esquemas de redução de emissões venham a se efetivar, ainda assim o mundo precisará de inovações radicais que forneçam entre 10 e 30 terawatts sem expelir uma tonelada sequer de dióxido de carbono. Ou seja, se houver saída, ela estará em inéditas fontes de energia livres de carbono. De modo que pressupor a existência de soluções tecnológicas prontas para substituir as emissões de gases-estufa não é realista e, por isso, as políticas de enfrentamento do aquecimento global devem ser necessariamente diferentes daquelas que, com sucesso, enfrentaram outros problemas ambientais.

Descartando lances de ficção científica, como fusão a frio, fusão de bolha ou reatores de antimatéria, há meia dúzia de promessas tecnológicas nas quais se pode apostar. A mais óbvia é o aproveitamento da

---

aumentar 75% até 2030. Ver artigo "Tecnologia do 'carvão limpo' ainda é desafio para empresas", em *Der Spiegel*, traduzido pelo jornal *O Estado de S. Paulo*, 7-11-2007.

energia de marés e ondas, quase pronta para o mercado. Três competem pela segunda chamada: aproveitamento de ventos de altitude elevada, nanobaterias solares e micróbios projetados. E, em quinto, na lista de espera, estão: a energia solar espacial e a tão almejada fusão nuclear.

Uma clara manifestação da crença de que já existem as soluções tecnológicas que viabilizariam o combate ao aquecimento global antrópico está no *best-seller* de George Monbiot, redigido com a assistência do pesquisador Matthew Prescott. Nessa obra, o já célebre especialista do jornal britânico *Guardian* tenta mostrar que países ricos como a Grã-Bretanha poderiam, sem regredir, cortar 90% de suas emissões de gases-estufa até 2030. O livro talvez até persuada parte dos leitores nos capítulos sobre os anacrônicos padrões da construção civil, assim como das cadeias industriais que lhes fornecem cimento, eletricidade e calor, ou mesmo nas avaliações do comércio varejista e dos sistemas de transporte terrestres. Mas Monbiot se viu liminarmente obrigado a reconhecer que viagens aéreas são simplesmente incompatíveis com o objetivo de controlar a mudança climática.[28]

Posição bem diferente é a do físico Martin I. Hoffert, da Universidade de Nova York, para quem qualquer mudança revolucionária na matriz energética, para poder surgir em tempo, já deve ter sua infraestrutura em construção.[29] Daí a importância do acordo internacional firmado em novembro de 2006 para construir o maior reator de fusão nuclear do mundo: o "Iter" (Reator Termonuclear Experimental Internacional). Desse projeto participam: União Europeia, Estados Unidos, Japão, Coreia do Sul, Rússia, China e Índia.[30]

Também foi Monbiot que fez a melhor síntese do problema político a ser enfrentado para que um novo regime internacional, a vi-

---

[28] Não encontrou melhor maneira de fechar esse capítulo do que acusar seu leitor de assassinato: "Se você viajar de avião, estará destruindo a vida de outras pessoas". Cf. George Monbiot, *Heat: how to Stop the Planet Burning* (Londres: Penguin, 2007), p. 188.

[29] Cf. Martin I. Hoffert *apud* W. Wayt Gibbs, "Plano B para a energia", em *Scientific American Brasil*, nº 53, outubro de 2006, pp. 80-88.

[30] O Brasil foi o único dos BRIC (Brasil, Rússia, Índia e China) a declinar do convite. E ninguém ligou.

gorar a partir de 2012, não seja mais inócuo, como foi o Protocolo de Kyoto. No prefácio à edição de 2007, ele começa evocando o consenso entre cientistas naturais de que será loucura deixar que a temperatura global aumente dois graus centígrados (2 °C) além de seu nível pré-industrial. Vários dos riscos de relar nesse teto estão estimados: entre 0,7 e 4,4 bilhões de pessoas sofreriam de crescente falta de água; haveria queda de rendimentos agrícolas em muitos países pobres; as florestas amazônicas seriam irreversivelmente comprometidas; de 15% a 40% das espécies se extinguiriam; geleiras desapareceriam; o derretimento da placa de gelo da Groenlândia aceleraria a elevação do nível do mar; e o *permafrost* siberiano exalaria seu imenso estoque de metano (CH_4), gás do efeito estufa bem mais furioso que o dióxido de carbono (CO_2).

Como o processo de aquecimento é, em grande parte, determinado pela concentração desses gases na atmosfera, baseado no quarto relatório do IPCC (2007), Monbiot lembra que haveria 50% de probabilidade de que o marco de 2 °C fosse evitado se a concentração fosse estabilizada abaixo de 450 partes por milhão em equivalentes de dióxido de carbono (450 ppm CO_2e). Ao contrário, se essa concentração não fosse freada, passaria dos atuais 430 ppm para 550 ppm CO_2e em cerca de três decênios. Neste caso, a probabilidade de que o aquecimento ultrapassasse os 2 °C ficaria acima de 77%. Pior: com 550 ppm CO_2e, a chance de que o aumento da temperatura excedesse 3 °C seria de 30% a 70%, e a de que excedesse 4 °C de cerca de 24%.[31] Saltos com impactos imprevisíveis, mas tão calamitosos quanto, poderiam ser o colapso de inúmeros ecossistemas.

Não é difícil perceber, portanto, que, assumidas como corretas as projeções do IPCC, o Protocolo de Kyoto precisaria ser substituído

[31] O Relatório Stern cria certa confusão nesse debate, pois implica altíssima precificação do carbono (US$ 305 em 2010), mas, simultaneamente, aceita que o limite de concentração possa ser de 550 ppm. Ora, com um preço tão alto para as emissões, seria possível atingir o nobre objetivo de ter apenas 1,5 °C de aumento da temperatura entre 1900 e 2100, o que exigiria, evidentemente, concentração até inferior a 450 ppm, limite proposto pelos seus mais severos críticos! Ver tabela 1.

por um acordo que tivesse por meta central o estabelecimento de um limite para a concentração de 450 ppm CO_2e.

Não é essa, entretanto, a proposta que mais ganha corpo nos debates internacionais, graças ao sedutor argumento de que o custo anual do combate à mudança climática seria de 1% do PIB global. O influente relatório de Sir Nicholas Stern, cujos principais alvos são os governos dos Estados Unidos e da Austrália, toma por baliza o temerário horizonte de 550 ppm CO_2e, em vez de 450 ppm CO_2e (além de ter optado por ínfima taxa de desconto, como já foi assinalado). Impossível, portanto, haver o menor lampejo de otimismo sobre o regime pós-Kyoto, apesar das rápidas e profundas mudanças de percepção e de consciência a respeito do maior dos problemas ambientais.

Só pode duvidar das possibilidades de tais correções de rumo quem não se dá conta de que vêm proliferando sinais indicativos de uma significativa guinada da opinião pública de mais elevado nível educacional sobre as ameaças da mudança climática. Relacionando esses sinais de mudança tanto com o perfil dos países que mais emitem quanto com as oportunidades técnico-econômicas e mudanças comportamentais favoráveis a uma transição para uma economia de baixo carbono, Eduardo Viola[32] chegou a três cenários possíveis para as negociações internacionais:

1. Hobbesiano, no qual se repetiria a baixa capacidade de cooperação demonstrada nas negociações do Protocolo de Kyoto. Neste caso, em duas décadas seria ultrapassado o perigoso limiar de 550 ppm CO_2e, e não haveria segurança climática.[33]
2. Intermediário – que ele chama de "Kyoto Aprofundado" – com a participação dos Estados Unidos e da Austrália e algum tipo de compromisso

[32] Eduardo Viola, "Perspectivas da governança e segurança climática global", em revista *Plenarium*, 2007. (No prelo.)

[33] Segurança climática significa manter a estabilidade relativa do clima global, diminuindo significativamente o risco de aquecimento mediante mitigação e adaptação. Adaptação "da sociedade internacional e suas unidades nacionais a novas condições de planeta mais quente e com a existência mais frequente e mais intensa de fenômenos climáticos extremos". Cf. Eduardo Viola, "Perspectivas da governança e segurança climática global", cit., p. 5.

> por parte dos emergentes. Embora menos catastrófico que o hobbesiano, também não geraria segurança climática.
>
> 3. Otimista – que denomina "Grande Acordo" (mas também poderia chamar de wilsoniano/idealista) – com "a retomada, em patamar mais incisivo, da liderança conjunta dos três principais polos da economia mundial, Estados Unidos, União Europeia e Japão, que levou à abertura das negociações do Tratado de Kyoto em 1996-1997. Esta seria a grande oportunidade do Brasil para se tornar parte do grupo líder, juntando-se aos Estados Unidos, à União Europeia e ao Japão, cumprindo papel de engajamento e persuasão da China e da Índia".[34]

A abordagem de teoria dos jogos tem sido utilizada para acoplar o enfoque estritamente econômico do custo-benefício macroeconômico (em nível global) de diferentes estratégias de combate ao aquecimento com o enfoque microeconômico, em que cada país, individualmente, decide se os benefícios de ser parte de uma coalizão excedem os custos. Finus e Cabrera chamam um acordo de individualmente racional quando os benefícios líquidos de participação são maiores do que os de não participação.[35] Mas isso não basta para que o país decida cooperar, pois os benefícios de tomar uma carona com os que se comprometerem com o esforço podem ser ainda mais elevados. Como não existe uma instituição supranacional capaz de punir esse tipo de atitude, a coalizão deve ser *self-enforcing*.

Os citados autores analisam esquemas cooperativos baseados em diversas concepções de equidade, por exemplo: do tipo igualitário, em que a distribuição dos direitos de emissão se dá em base *per capita*, sob a filosofia de que cada indivíduo tem igual direito de emitir, o que beneficia países como China e Índia; do tipo responsabilidade histórica, no qual os direitos são inversamente proporcionais às emissões acumuladas, caso em que o Brasil se beneficia; do

---

[34] *Ibid.*, p. 16.

[35] Michael Finus & Juan Carlos Altamirano Cabrera, "Permit Trading and Stability of International Climate Agreements", em *Journal of Applied Economics*, Buenos Aires, 1 (IX), maio de 2006, pp. 19-48.

tipo capacidade de pagamento, em que se distribuem os direitos de emissão aos países mais pobres utilizando o PIB como parâmetro; do tipo capacidade de poluição, em que os direitos são distribuídos em quantidade inversamente proporcional às emissões históricas *per capita*, prejudicando os países desenvolvidos; do tipo eficiência energética, em que o que se considera é o atual nível de emissões relativamente ao PIB, beneficiando países detentores de tecnologias limpas e prejudicando países com indústrias altamente poluidoras, como a China; do tipo soberania, em que os pesos são alocados de acordo com o atual nível de emissões; do tipo compensação, em que os países ricos fazem transferências para os países pobres de modo a dividir os custos.

Ou seja, existem muitas maneiras de definir equidade em coalizões para a mitigação de emissões de gases-estufa. Mesmo assim, a abordagem da teoria dos jogos é capaz de produzir alguns resultados robustos, entre eles o de que a ausência de punições críveis para os *free-riders* faz com que apenas coalizões com metas bastante moderadas de emissões sejam cumpridas, e vice-versa, de modo que exista um *trade-off* entre eficiência e efetividade. Além disso, coalizões com pequeno número de participantes dão melhores resultados em termos de cumprimento dos objetivos do que grandes coalizões.[36]

Conclusão

Esta revisão sobre a economia e a política do aquecimento global indica que qualquer posicionamento sobre a questão passa, antes de tudo, por uma inevitável alternativa: admitir os argumentos dos ditos "céticos" ou levar a sério as previsões do IPCC.

[36] Johan Eyckmans & Michael Finus, "Coalition Formation in a Global Warming Game: How the Design of Protocols Affects the Success of Environmental Treaty-Making", em *Energy, Transport and Environment Working Papers Series ete0317* (Leuven: Centrum voor Economische Studiën, Katholieke Universiteit Leuven, 2003).

Quem tender a acatar a primeira opção certamente concordará com a brilhante exposição de motivos feita por Nigel Lawson[37] para a tese de que o verdadeiro perigo enfrentado pelas sociedades atuais não vem do clima, e sim da nova religião ecofundamentalista. Para ele, a resposta mais racional a uma mudança climática – caso, por alguma razão, venha a ocorrer – é simplesmente adaptar-se a ela. E, nesta situação, mais que responsabilidade, será obrigação dos países ricos da parte do mundo de clima temperado dar ajuda aos países pobres da faixa tropical para que se lancem na necessária adaptação.

Quem preferir o outro lado da alternativa dificilmente poderá encontrar uma orientação comparável à primeira em termos de simplicidade. Logo perceberá que existem profundas questões éticas que condicionam as propostas políticas, assim como a racionalidade econômica em que precisam se apoiar.

As posturas éticas das quais dependem as propostas políticas são essencialmente duas:

a) Qual é o risco que pode ser assumido quanto à elevação da temperatura neste século em relação ao nível pré-industrial?

b) Qual é o custo do combate ao aquecimento que pode ser deixado para futuras gerações?

Várias respostas a essas perguntas podem ser encontradas nos debates sobre o aquecimento global.[38] Destacam-se as posições de Stern, sobre altos investimentos em mitigação de emissões que devem começar urgentemente para reduzir o risco de catástrofes, e a de Nordhaus, sobre uma "rampa" de investimentos, começando em patamar baixo e crescendo linearmente ao longo do tempo. A controvérsia entre as estimativas de custos desses autores perdurará enquanto não forem resolvidos os dilemas éticos da justiça intergeracional. Todavia, se prevalecer o princípio da precaução, será inaceitável adotar limites superiores a 450 ppm para a concentração de dióxido

[37] Nigel Lawson, "The Economics and Politics of Climate Change: an Appeal to Reason", em *A Lecture to the Centre for Policy Studies*, 1º-11-2006.

[38] Quase todas estão na tabela 1.

de carbono, ou de aumento superior a 2 °C até 2100 com relação a 1900.

Assim, caso seja assumida uma taxa de desconto de 4% – que significa deixar boa parte dos custos para gerações futuras –, chega-se a um custo social[39] da tonelada de carbono superior a US$ 50, que deveria aumentar pelo menos uns 20% até 2010, atingindo pouco mais de US$ 60. Ao contrário, se for considerada a baixíssima taxa de 0,1% assumida pelo Relatório Stern, o custo da tonelada de carbono deveria ser cinco vezes maior em 2010. Há, portanto, uma ampla margem de manobra oferecida aos negociadores do pós-Kyoto, sendo razoável supor que sejam levados a optar por um imposto cujo valor provavelmente superará os US$ 100.

A questão do nível de controle das emissões parece estar mais bem encaminhada do que a dos custos, chegando a haver concordância entre a maioria dos economistas de que a imposição de uma taxa sobre as emissões de carbono é bem mais eficiente do que um esquema *cap-and-trade*, ao estilo do atual Protocolo de Kyoto. E essa concordância se estende para o fato de que um imposto harmonizado mundialmente é politicamente inviável, de modo que um esquema híbrido, apelidado de *cap-and-tax*, passa a ser a estratégia mais atraente.

Finalmente, nada pode ser mais incoerente do que levar a sério as conclusões do IPCC e, simultaneamente, supor que o problema possa ser enfrentado mediante acordos internacionais do gênero do Protocolo de Kyoto. Se o IPCC estiver mesmo com a verdade, todos os países do mundo, a começar pelos mais ricos e poderosos, deveriam enfrentar o problema como se estivessem diante de uma grande guerra, em vez de barganharem ridículas metas de contenção de emissões. Mas isso só poderia acontecer se as negociações internacionais conseguissem produzir algum tipo de *enforcement* que reduzisse o benefício de tomar uma carona (aproveitar as vantagens de uma redução de emissões por parte dos demais países sem pagar o

[39] Por custo social, entende-se o custo adicional causado por mais uma tonelada de carbono emitida.

preço dessa redução). Além disso, os sistemas de Ciência, Tecnologia & Inovação (CT&I) deveriam ser drasticamente reorientados para o objetivo prioritário de encontrar maneiras de superar a dependência das energias fósseis, já que essa pesquisa energética (atualmente concentrada na energia nuclear) está sendo feita com orçamentos que mal chegam a 5% dos orçamentos da pesquisa militar.

Referências bibliográficas

A SPECIAL REPORT ON BUSINESS and Climate Change. Em *The Economist*, 2-6-2007.

ABRANCHES, Sergio. "Cuidar do clima é cuidar do Brasil". Em *Scientific American Brasil* (ed. especial), nº 19, 2007.

ADAMS, John. *Risk*. Londres/Nova York: Routledge, 2006 [c. 1995].

ANDRADE, João *et. al*. "Regime internacional de enfrentamento das mudanças climáticas: a visão da economia ecológica". Em *III Encontro da ANPPAS*, Brasília, 2006. Disponível em http://www.anppas.org.br/encontro_anual/encontro3/arquivos/TA128-03032006-151102.PDF.

AUSUBEL, Jesse & NORDHAUS, William D. "A Review of Estimates of Future Carbon Dioxide Emissions". Em NATIONAL ACADEMY OF SCIENCES. *Changing Climate*. Washington: National Academy Press, 1983.

AZEVEDO, José Carlos. "O aquecimento da Terra". Em *O Estado de S. Paulo*, 7-11-2007.

BANCO INTERNACIONAL PARA RECONSTRUÇÃO E DESENVOLVIMENTO. *Entering the 21st Century. World Development Report 1999/2000*. Oxford: Oxford University Press, 2000.

CBO – U.S. CONGRESSIONAL BUDGET OFFICE. *Climate Change Special Collection*. Disponível em http://www.cbo.gov.

CLINE, William. *The Economics of Global Warming*. Washington: Institute for International Economics, 1992.

DASGUPTA, *Sir* Partha. "Comments on the Stern Review's Economics of Climate Change", 9-12-2006. Disponível em http://www.econ.cam.ac.uk/faculty/dasgupta/pub07/stavins_june07.pdf.

________. "Discounting Climate Change", 2007. Disponível em http://www.econ.cam.ac.uk/faculty/dasgupta/pub07/stavins_june07.pdf.

DIAMOND, Jared. *Colapso – Como as sociedades escolhem o fracasso ou o sucesso*. Rio de Janeiro: Record, 2005.

EUROPEAN ENVIRONMENTAL AGENCY. *Annual European Community Greenhouse Gas Inventory 1990-2005 and Inventory Report 2007. Submission to the UNFCCC Secretariat*. Luxemburgo: Office for Official Publications of the European Communities, 2007.

EYCKMANS, Johan & FINUS, Michael. "Coalition Formation in a Global Warming Game: how the Design of Protocols Affects the Success of Environmental Treaty-Making". Em *Energy, Transport and Environment Working Papers Series ete0317*. Leuven: Centrum voor Economische Studiën, Katholieke Universiteit Leuven, dezembro de 2003.

FINUS, Michael & CABRERA, Juan Carlos Altamirano. "Permit Trading and Stability of International Climate Agreements". Em *Journal of Applied Economics*, Buenos Aires, 1 (IX), maio de 2006.

GIBBS, W. Wayt. "Plano B para a energia". Em *Scientific American Brasil*, ano 5, nº 53, outubro de 2006.

GORE, Albert Arnold. *Uma verdade inconveniente*. São Paulo: Manole, 2006.

HOPE, Chris W. "The Marginal Impact of CO_2 from PAGE2002: an Integrated Assessment Model Incorporating the IPCC's Five Reasons for Concern". Em *The Integrated Assessment Journal*, 1 (6), 2006.

HOUSE OF LORDS. *The Economics of Climate Change*. Vol. I. Londres: The Stationary Office, julho de 2005.

INTERACADEMY COUNCIL. *Lighting the Way*. Amsterdã: Royal Netherlands Academy of Arts and Sciences, 2007.

INTERGOVERNMENTAL PANEL ON CLIMATE CHANGE. "Summary for Policymakers." Em SOLOMON, Susan *et al.* (orgs.). *Climate Change 2007: the Physical Science Basis*. Contribuição do Working Group I para o *Fourth Assessment Report* do IPCC. Cambridge: Cambridge University Press, 2007a.

________. "Summary for Policymakers". Em METZ, Bertz *et al.* (orgs.). *Climate Change 2007: Mitigation of Climate Change*. Contribuição do Working Group III para o *Fourth Assessment Report* do IPCC. Cambridge, UK: Cambridge University Press, 2007b.

KOOPMANS, Tjalling C. "Representation of Preference Orderings over Time". Em MCGUIRE, C. B. & RADNER, R. (orgs.). *Decision and Organization*. Amsterdã: North Holland, 1972.

LAWSON, Nigel. "The Economics and Politics of Climate Change: an Appeal to Reason". Em *A Lecture to the Centre for Policy Studies*, 1-11-2006.

LOMBORG, Bjorn. *O ambientalista cético – revelando a real situação do mundo*. Rio de Janeiro: Campus, 2002 [c. 1998].

LUCON, Oswaldo. *Climate Change and Local Responses*. Comunicação apresentada ao encontro da Comissão Econômica para a América Latina e o Caribe (Cepal). "Aumentando las respuestas a cambio climático desde America Latina y el Caribe", Santiago, Chile, 11-7-2007. Disponível em http://www.cepal.org/dmaah/noticias/paginas/7/29147/11_lucon-2.pdf.

MARCOVITCH, Jacques. "Mudanças climáticas e multilateralismo". Em *Revista USP*, nº 72, dez.-fev. de 2006-2007.

________. *Para mudar o futuro. Mudanças climáticas, políticas públicas e estratégias empresariais*. São Paulo: Edusp/Saraiva, 2006.

MENDELSOHN, Robert O. "A Critique of the Stern Report". Em *Regulation*, 4 (29), 2006.

MONBIOT, George. *Heat – How to Stop the Planet Burning*. Londres: Penguin, 2007 [c. 2006].

MURPHY, Dean; TOL, Richard S. J.; YOHE, Gary. "On Setting Near-Term Climate Policy while the Dust Begins to Settle: the Legacy of the Stern Review". Em *Energy and Environment*, 18 (5), 2007.

NORDHAUS, William D. *Strategies for the Control of Carbon Dioxide*. Ensaio crítico, nº 443. New Haven: Cowles Foundation/Yale University, 1977.

________. "Slowing the Greenhouse Express: the Economics of Greenhouse Warming". Em AARON, Henry (org.). *Setting National Priorities*. Washington: Brookings Press, 1990.

________. "After Kyoto: Alternative Mechanisms to Control Global Warming". Em *American Economic Review*, 2 (96), maio de 2006.

________. *The Challenge of Global Warming: Economic Models and Environmental Policy*. New Haven: Yale University, 11-9-2007a.

________. "Who's Afraid of a Big Bad Oil Shock?". Em *Brookings Panel on Economic Activity Special Anniversary Edition*, setembro de 2007b.

PLAMBECK, Erica L. & HOPE, Chris W. "Validation and Initial Results for the Updated PAGE Model". Em *Research Papers in Management Studies 1994-1995*, nº 15, Cambridge, Judge Institute of Management, 1995.

RAMSEY, Frank P. "A Mathematical Theory of Saving". Em *Economic Journal*, 152 (138), 1928.

RAWLS, John. *A Theory of Justice*. Oxford: Oxford University Press, 1972.

SCIENTIFIC AMERICAN BRASIL. *Como deter o aquecimento global*. Edição especial, nº 19, 2007.

SETZER, Joana. *Panorama do princípio da precaução: o direito do ambiente face aos novos riscos e incertezas*. Dissertação de mestrado. São Paulo: Programa de Pós-graduação em Ciência Ambiental (Procam) – Universidade de São Paulo, 2007.

SOCOLOW, Robert H. & PACALA, Stephen W. "Um plano para manter o carbono sob controle". Em *Scientific American Brasil*, ano 5, nº 53, outubro de 2006.

STERN, Nicholas. *The Economics of Climate Change: the Stern Review*. Cambridge: Cambridge University Press, 2006.

TOL, Richard S. J. "The Marginal Damage Costs of Carbon Dioxide Emissions: an Assessment of the Uncertainties". Em *Energy Policy*, nº 33, 2005.

________ & YOHE, Gary W. "The Stern Review: a Deconstruction". Em *Research Unit Sustainability and Global Change*. Hamburgo: Universidade de Hamburgo, fevereiro de 2007. Documentos de trabalho FNU-125.

VALE, Petterson Molina. *Economia da mudança climática: as propostas conflitantes de Nordhaus e Stern*. Projeto de Pesquisa. Campinas: setembro de 2007.

VEIGA, José Eli. *Desenvolvimento sustentável: o desafio do século XXI*. Rio de Janeiro: Garamond, 2005.

________. *Meio ambiente & desenvolvimento*. São Paulo: Editora Senac São Paulo, 2006.

________. *A emergência socioambiental*. São Paulo: Editora Senac São Paulo, 2007.

________. "Para saudar Iemanjá". Em *Valor Econômico*, 23-1-2007.

________. "Leviandade sobre o aquecimento global". Em *Valor Econômico*, 15-5-2007.

________. "Duas dúvidas convenientes". Em *Valor Econômico*, 12-6-2007.

________. "O quixotismo climático do Brasil". Em *Valor Econômico*, 10-7-2007.

________. "Três indagações sobre o aquecimento global". Em *Valor Econômico*, 4-9-2007.

________. "A razão do lero-lero sobre o pós-Kyoto". Em *Valor Econômico*, 2-10-2007.

_________ & VALE, Petterson Molina. *Aquecimento global: um balanço das controvérsias*. Texto apresentado na sessão de 7 de novembro de 2007 do ciclo de seminários "Brasil no Século XXI: Desafios do Futuro", FEA/Departamento de Economia – USP. Disponível em http://www.zeeli.pro.br.

VIOLA, Eduardo. "As complexas negociações internacionais para atenuar as mudanças climáticas". Em TRIGUEIRO, André (org.). *Meio ambiente no século 21*. Rio de Janeiro: Sextante, 2003.

_________. "A evolução do papel do Brasil no regime internacional de mudança climática e na governabilidade global". Em *Cena Internacional*, ano 6, nº 1, junho de 2004.

_________. "Perspectivas da governança e segurança climática global". Em revista *Plenarium*, 2007.

Sobre os autores

José Eli da Veiga é professor titular do Departamento de Economia da Faculdade de Economia, Administração e Contabilidade da Universidade de São Paulo (FEA-USP). Além de 25 artigos em periódicos científicos nacionais e estrangeiros e 24 capítulos de obras coletivas, publicou 15 livros, entre os quais: *A emergência socioambiental*, *Meio Ambiente & desenvolvimento* (ambos pela Editora Senac São Paulo) e *Desenvolvimento sustentável: o desafio do século XXI* (Garamond). É colaborador da coluna de opinião do jornal *Valor Econômico*. Página na *web*: http://www.zeeli.pro.br.

Luiz Carlos Baldicero Molion é professor associado e diretor do Instituto de Ciências Atmosféricas da Universidade Federal de Alagoas (Ufal). Bacharelou-se em física pela USP, em 1969, e em 1975 doutorou-se em meteorologia (e em proteção ambiental como campo secundário) pela Universidade de Wisconsin, Madison, WI, Estados Unidos. Fez pós-doutorado no Instituto de Hidrologia, Wallingford, Inglaterra, em 1982, na área de hidrologia de florestas. É *fellow* do Wissenschaftskolleg zu Berlin, Alemanha, onde trabalhou como pesquisador visitante durante 1989-1990. Publicou mais de trinta artigos em revistas e livros estrangeiros e mais de oitenta artigos em revistas nacionais e congressos, em particular sobre impactos de desmatamento da Amazônia no clima, climatologia e hidrologia da Amazônia, causas e previsibilidade das secas do Nordeste, mudanças climáticas global e regional, camada de ozônio e fontes de energias renováveis. Foi cientista-chefe nacional de dois experimentos com a Nasa sobre a Amazônia. Aposentou-se do Instituto Nacional de Pesquisas Espaciais

(Inpe/MCT), onde foi diretor de Ciências Espaciais e Atmosféricas, como Pesquisador Titular III. Entre 1990-1992, foi presidente da Fundação para Estudos Avançados no Trópico Úmido (Unitrop), do governo do estado do Amazonas, em Manaus, onde promoveu pesquisas sobre desenvolvimento sustentável, em particular o *biodiesel* feito de óleos de palmáceas nativas. É membro do Grupo Gestor da Comissão de Climatologia da Organização Meteorológica Mundial (MG/CCl/OMM), como representante da América do Sul. *E-mail*: molion@radar.ufal.br.

Petterson Molina Vale, rondoniense, é economista formado pela Universidade de São Paulo e mestrando em desenvolvimento econômico na Unicamp. Trabalhou na área de responsabilidade socioambiental do Banco Itaé e atualmente se dedica em tempo integral à pesquisa em economia do aquecimento global. Mantém o *blog* http://pettersonvale.blogspot.com/.

Sonia Maria Barros de Oliveira é professora titular do Departamento de Geologia Sedimentar e Ambiental do Instituto de Geociências da Universidade de São Paulo (IGC-USP – http://www.igc.usp.br). É bolsista de produtividade em pesquisa 1A do CNPq e publicou 59 artigos em revistas científicas internacionais. Seus interesses de pesquisa concentram-se nas áreas de interação entre a litosfera, atmosfera, hidrosfera e biosfera terrestres, e abrangem estudos sobre gênese e evolução dos materiais que cobrem a superfície da Terra, como os solos e os sedimentos. Nos últimos anos tem se dedicado ao estudo das mudanças ambientais, de origem antrópica ou natural, registradas em sedimentos recentes.